街头拾味

08-700 333 04-5
เจลไล่นก หนู จิ้งจก
08-700 333 04-5 ปลวก

街头拾味

曼谷超人气美食

[德]汤姆·范登堡 [捷]卢克·蒂丝 著 袁艺 译

華中科技大學出版社
http://www.hustp.com
中国·武汉

SRI AYUTTHAYA
& THAI CUISINE

目录

引言

近年来，世界各地刮起一阵街头美食风潮。正因如此，大大小小的城市都纷纷争先举办具有本土特色的年度街头美食节。然而，却很少有国家或城市的街头美食能与泰国的相媲美，且能似泰国一样深深植根于特色的本土生活和悠久的文化传统。为什么这么说呢？

在泰国，每天都有数以百万计的各界人士来吃这些在街头巷尾间烹制的菜肴。街在这里，既是餐厅，又是厨房。人行道上挤满了塑料椅子和折叠的桌子供客人使用。西方人理所应当地认为，路是供车行驶的，人行道是供人行走的。但在泰国，整个空间是共享的，不管是路或是人行道，都可以成为享受美食的地方。无论白天黑夜、阴晴云雨，一排排浩浩荡荡的小摊总是早已被支好，小推车上永远摆满切好的配菜，时刻准备为您来上一份餐点。供应完餐点后，一切又都很快被整理、收拾得清爽干净。泰国的街头美食，无论是在数量上还是多样性上，都很难被击败，而且这些食材的种类、丰富度和质量品相是世界其他任何地方都无法与之匹敌的。泰国的街头厨师们用最基本的烹饪设备，奇迹般地将食材变成了大量诱人的菜肴。如果您真的想体验正宗的泰国文化，那么学习当地人的饮食不失为一种很好的办法。等待着您的，将是泰餐带来的饕餮盛宴。

在泰国，外出就餐是一件司空见惯的事。事实上，大多数人每天都至少在外就餐一次，这是日常社交生活的一部分。一天当中的任何时候，您都可以找到各式各样的移动厨房：道路旁、火车站、海滩边、公园里、大桥下，甚至某些高级餐厅里。曼谷几乎每个街角，都飘逸着食物诱人的香气。可谓“凡有人到之处，皆能大快朵颐”。而且不管您来自哪里，只要走上街头，与三五好友聚在一起，聊聊天、吃吃饭，就可以快速融入当地人的生活。街头美食在泰国，不光是食物，还是文化，更是社交。

在曼谷，支路边摊的，往往是他国移民，或是在自己的国家没有稳定工作，甚至没有经济来源的人。摊位对他们来说，既是生活的保障，又是救命的稻草。坊间流传着这样一个励志的故事，说是一个寡妇在走投无路之际，孤注一掷地支起了一个面条摊，想要维持孤儿寡母一点微薄的生计。

SB45

几年过去，凭借不懈的努力，她的手艺在街坊四邻间积累了不少口碑，名气大增。她不光从困境中解脱了出来，还成功地开起了自己的餐厅，依旧卖着这一碗碗将她从贫苦中救出的、香喷喷的私房面条。时至今日，她的面和她的故事还在坊间口口相传着，她的成功也可谓是小贩们心中的殿堂级目标。在泰国，不难看到学生们放学后，会利用闲暇时间卖烤肉以赚取学费。东北部的农民工们，在收完当季的水稻后，也会自产自销一些青木瓜沙拉来增加额外收入。这样励志的故事，在我们的旅行中还有很多。路边摊带动的不只是味蕾，还是小贩们的生活。

近年来，泰国全民的生活水平显著提高，现代化的购物广场正在逐渐撼动传统特色集市在民众心中的地位。为了稳住自己的生意，路边摊的小贩们开始想尽办法改善自家店铺的环境，例如在摊位里安装空调等。与此同时，泰国政府对路边摊环境卫生及基础设施也越来越高标准、严要求。有需求才有改变，不难看出为了迎合市场需求，从政府到商家都在大幅地改进，街头美食的影响力在泰国可见一斑。也正因如此，曼谷将永远不会成为第二个新加坡。同样是亚洲国家，同样是东南亚菜系，新加坡明令禁止在街头售卖食物，人们会在颇具新加坡特色的食阁（也被称为小贩中心）解决一日三餐。反观泰国，许多最著名的泰式菜肴都出自街角的路边摊，这些路边摊的食物从起初不起眼，甚至卑微的地位，发展到了今时今日可以走进高档餐厅，并被称为美食的高度。总的来说，泰国美食的核心和灵魂都在街头，这里的街头美食无时无刻不等待着一个爱美食、懂美食的人去发掘和探宝。

集市，在泰国历来是一个地区的心脏。刚开始的时候，集市仅限于选购食材这项功能。但精明的路边摊小贩们发现，集市也是个贩售街头小吃的好地方！因为人们在购物的过程中，味蕾不免受到挑拨。这么好的商机，当然要好好利用了。于是他们开始聚集在此摆摊揽客，甚至还开发出了外卖打包服务。当然，这也就意味着他们每天要将所有的炊具从家中带到集市，收摊后再从集市推回家中，日复一日，乐此不疲。往返的途中，他们还会随时停下来，为遇到的客人服务。慢慢地，移动的厨房成了集市的一景，集市已经不仅仅是食材的集散地，还成为街头美食的集中营。

说起泰国街头饮食文化井喷式地爆发，还要从中国的移民潮说起了。当时新来的移居者在这个有些陌生的国度，通常群居在简陋的大通铺里，那里没有厨房设施，于是他们便开始在住所旁自搭炉灶，厨艺不错的人就会为大家做上一顿大锅饭，这也就是现在移动厨房的起源。

移动性对于小贩们来说尤为重要。“haph”是一根长长的木杆，两端各挂着一个篮子，看起来就像是杆老式的平衡秤，是最古老的运输和销售食品的工具。这种历史悠久的兜售方式如今仍然可以在泰国看到。小贩带着haph轻松地穿过狭窄的街道、蜿蜒的小桥以及密密麻麻的集市摊位，无论您身在何处，都可以看到他们的身影，有些小贩甚至还会贴心地带上几把小椅子，以供顾客坐下小憩。

自古至今，船只毋庸置疑也是重要的食物运输工具之一。以泰国皇室为灵感而建造的具有鲜明泰国特色的水上市场，深受广大游客喜爱。水上市场大多临近水源，因为那里水运和渔业都非常发达，这也是为什么泰国人口稠密的地区大多靠近天然河流和人工运河。作为一个水路发达的美食大国，在泰国的船上，当然少不了美食，这里有一种名为“kuaytiaw rua”的汤面船，船上有装备齐全的厨房，随时准备为周围的居民提供一份美味的船面。甚至一些在岸上卖面条的餐馆，也会在店里摆上一些船型的餐具收纳盒或是调料收纳盒，这是店家用自己的方式向传统船面致敬。

近年来，自行车也加入了街头美食的运输行列。小贩们骑着车，走街串巷、挨家挨户地推销美食，他们有自己独特的“吆喝”声：有的摇铃，有的敲木头，有的哼曲儿，有的吹口哨。这意味着人们不再需要一直站在外面等自己想吃的东西了。慢慢地，人力自行车开始变成带马达的电动自行车。有了马达的助力，小贩们便开始将餐车牵引到后面，将送餐服务发挥得更加淋漓尽致、面面俱到。

关于汤姆（本书作者之一）

从我1995年第一次访问曼谷起，就发现烹饪和美食是整个曼谷乃至整个泰国亘古不变的话题。似乎这里的生活完全围绕着一个主题：食物。无论白天晚上，您都可以享用到自己喜欢的美食，小到简单的小吃，大到精美的珍肴。曼谷的摊位，可谓连绵不绝，此起彼伏，哪怕一个摊位收摊儿了，仍然还有无数个摊位殷勤地开着张。

可以说我对地道的泰国菜并不是一见钟情，就像是大多数游客一样，我也是用了一点点时间去爱上它。刚开始的时候，我总对卫生等问题感到很不放心，往往只选在有“英文菜单”和“西方口味”的泰国餐馆用餐。那时候的我完全不敢在街边的小摊位吃东西。好在慢慢地，我开始摸索着去吃，尝试着去体验。而现在，我想说，街边小吃不光成了我最喜欢的食物，还是我最喜欢的消遣方式！我在曼谷的旅行，不能一天没有街边小吃，而我对于摊位的挑选原则就是：哪里人多就在哪里吃——因为我笃定，人多的地方必然有好吃的东西或者特别的味道。

您要问我为什么来泰国？当我在厨房里进行了数百次的泰餐实验，并在世界各地进行了十几次以美食为灵感的旅行后，我和我当时的女朋友毅然决然地果断达成一致，放弃我们朝九晚五的工作，去泰国生活一年。当然，对我们来说，更大的诱惑是这一年中的慵懒，我们可以悠闲地旅行、阅读，我们能从安逸的生活中获取更多的灵感。在这一年中，我们充分体会到了泰国美食给人带来的愉悦感，也确实找到了未来职业的方向。于是，我们开始为来自比利时和荷兰的人们搭桥牵线，邀请他们来泰国、越南和印度尼西亚，开启一场又一场东南亚美食之旅。

继成功策划数场东南亚美食之旅后，我们在比利时开办了我们的公司Kookstudio Eetavontuur（烹饪工作室&饮食冒险）。我们公司的创办理念可以说是从泰国街头美食的角度出发，分享我们对泰国菜的认识，让我们的顾客品尝到最正宗的菜肴。我们对于自己的创意充满了信心，并且积极地将其付诸实践。如今的我们，在租来的大楼里建起了自己的烹饪工作室，公司也逐渐在餐饮界站稳了脚跟。

我第一次见到我的搭档、美食摄影师卢克·蒂丝（Luk Thys）是在2005年，我认识他的时候，他是“Foodphoto”[1]背后的创始人。之后，我们开始一起撰写并制作一些街头寻味类的书籍。2009年，我们的第一本以边吃边游为主题的书《曼谷》(*Bangkok*）出版了，一起出版的还有其他三本书，分别是《河内》(*Hanoi*)、《新加坡和槟城》(*Singapore & Penang*）以及《纽约》(*New York*)。我们对于美食的热爱让我们坚信，仅仅这四本书，离我们的目标还差很远。

2011年，在合作伙伴Foodphoto的鼎力协助下，我们一起在比利时举办了有史以来的第一个夏季街头美食节。节日持续覆盖了整整三个周末，世界各地的风味街头美食各放异彩，这种独具匠心的体验深得食客的心，反响空前。不仅如此，我们创办的运营模式在接下来两年的美食节中也得以沿用。

受到我们的新书《纽约街头美食》(*New York Street Food*）的启发，我在我的家乡比利时的根特市开了一家面馆。非常感谢我的优秀的团队和热情的食客朋友们，现在面馆的生意可以说是蒸蒸日上。

1 Foodphoto成立于1988年，是一家专门从事食物摄影的公司，在杂志、书籍和包装等领域有丰富的经验。

关于本书

我们希望本书至少能够让您了解泰国的街头饮食文化，并提升对街头美食的总体感知。在新版中，我们对旧版食谱进行了延续，对现有的全部食谱都进行了更新。当然，书中仅仅窥探了泰国美食的冰山一角，如果是想继续探寻，还有无数的餐品等着您去发现。“街头美食”这个主题可以说很广阔，而且具有很强的革新精神，每天都有新的菜肴被发明出来，也有一些菜肴将被取代，从此消失在人们的视野。

本书的一部分食谱是一些慷慨的小贩免费赠予的，很感谢他们愿意分享餐品背后的秘密，还有一些食谱是我们通过大量的实验来还原的。泰国厨师在烹饪过程中不会去精准地秤量每种调料的用量，他们大多是用品尝的方式来判断味道是否合适。他们认为不能成为“定量”的奴隶，死板的定量未必能保持食品的美味，因为辣椒与辣椒间的辣度并不都一样，这颗青柠可能比您之前试的更酸，某次用到的大蒜味道也许比平时更强烈，等等。这些定量中的不定因素，决定了做菜的关键是要在五种基本口味（酸、甜、苦、辣、咸）中找到最适当的平衡。

2013年到2014年，我陆陆续续走访了纽约、东京、柏林、巴黎、阿姆斯特丹和布鲁塞尔，为的就是体验当地的街头美食文化。从第一版的关于曼谷街头百味的书出版以来，我不再只是一个狂热的街头美食爱好者，同时也兼任起了厨师一角。这些年，我走遍了世界各地的路边摊和集市，这不仅让我从认知上对街头美食有所升华，还拓宽了我的视野，从而更能将视线放眼全球。美食全球化风潮让像曼谷这样的大都市在过去的几年里发生了翻天覆地的变化，因此我坚信，是时候回到泰国这个对我而言，街头美食之旅开始的地方了。

总的来说，这次对于老地方的新探索绝不仅仅是菜肴这么简单，我还想听听菜肴背后的故事，结识新朋友和联络老朋友。让泰国街头美食再度惊艳我的胃，丰富我的知识。来吧！和我一起重温曼谷街头美食！

20
BangKok
THAILAND

寻味地点

街头美食在曼谷随处可见：无论是在桥下、集市里、人行道上、车站间或是寺庙旁，还是在各种节日当中，人到之处，必有美食。为了方便大家寻找它们，本书分为两部分，一部分是那些知名的街头美食区，另一部分是不太知名的巷角旮旯，我们将聚焦于那些人群密度高的地方，或者是特殊美食的集散地。与此同时，我们同样会将您带到那些值得一看的地方——不单单是为了寻味美食，也是为了探索当地的文化。

曼谷是一个还在发展中的城市，因此，在曼谷旅行是一件颇为消耗时间的事情，这时常会给人带来一些疲惫和沮丧。即便是现代化的公共交通系统正在快速进步，并且正在努力跟上人们的需求，但如果您赶上了错的时间、错的地点，那很有可能您会被堵上个把小时。因此为了节省时间，您最好提前查好交通信息。同样，做计划时，您可以不必将行程排得太满，花些时间去寻觅、去了解您最感兴趣的地方。以下这些地方将会在书中详尽介绍：N15码头（Thewet）、中国城（Chinatown）、曼谷老城区（history Bangkak）、湄南河（昭披耶河，the chao praya River）和曼谷新城（modern Bangkok）。

请尽情享受美食之旅吧！

N15码头及其周边

著名的背包客驻地考山路往北，便是N15码头——一个迷人且充满活力、比较传统的地方。码头位于提威花卉市场的尽头，紧邻湄南河，交通便利。在泰国出行，乘船或许是一种既愉悦又能避免堵塞的交通方式。人们可以从码头出发，乘坐湄南河特快公交船穿梭于南城和北城之间。码头往东即是律实县，热爱西方文化的国王拉玛五世将他的皇宫建造于此，您可以在这里发现些许欧式建筑的影子。著名的考山路也在这附近。说起考山路，可以说是个褒贬不一、非爱即恨的地方，这取决于您喜不喜欢扎堆儿的背包客了。于我而言，两者皆有。这个街区相较于其他地方颇为独特，处处弥漫着旅行者的气息，到了晚上，这里还是一个能喝上一杯的好地方。

铁瓦拉查公春寺位于这个地区的中心。僧人们每日在其周围化缘，它是泰国王室家族布施僧人的重要地点。铁瓦拉查公春寺的旁边有很多传统的木质建筑，很多主厨受训于此。

对美食爱好者来说，这里真的是再好不过了，您可以花上几天的时间逛一逛这里地道的市场。当地的食物源源不断，从不断货，可以随时满足您的味蕾。同时，这里也不乏一些高档的餐厅，供您品尝精致的泰式菜肴。

中国城

霓虹灯流光溢彩、蜿蜒的耀华力路（Yaowalat Road）是中国城的主干线，也是曼谷街头美食爱好者的圣地。如果您想体验泰国的传统文化，或是单纯喜欢泰国的历史，那么这个街区是您旅途中不可或缺的一站。烹饪街头美食的秘密，就在这交错的小巷间一点点地展开。

中国城是整个曼谷街头美食分布密度最高的地方，不光食物为您全天候地供应，而且不同时间段还有不同的味蕾体验。在这里，您可以吃到一代代传承下来的私房菜，每家每户的菜肴都各有千秋，自成一派，您还可以轻易地在一个集市里尝遍各式菜肴，妙不可言的体验实在不容错过。

18世纪末，泰国王室为了修建宫殿，将移民迁至这个地区。这里变成了如今的中国城。如今中国移民们已在此地站稳了脚跟，剩下的只是舌尖上的战争罢了。

จินฮั้วเฮง
振和興大金
ATM
EXCHANGE
K-Expert
WISDOM
TAXI METER

STAFF

曼谷老城区

历史上有名的拉达那哥欣岛（Rottankosin）位于湄南河和东部运河之间，这里聚集着曼谷最热门的一些景点，其中包括皇家田广场（the Sanam Luang square）、曼谷大皇宫（the royal palace）、玉佛寺（Wat Phra keow）、卧佛寺（Wat Po）、曼谷城隍庙（the City pillar）、护身符市场（the amulet market）和国家博物馆（the National museum），每天有超过10000名游客前来参观这些文化古迹。

泰国的法律禁止在寺庙这些神圣的地方售卖食物，因此景区附近是没有餐食的。不过通常情况下，旅游景区附近也不适合吃东西。值得一提的是，这里步行不远便可到达丰富多样且地道的集市了，其中包括曼谷花卉市场［帕空鲜花市场（Pak khlong Talaad）］、护身符市场和王朗市场（the Siriraj market），这些集市在居民的生活中占了很大的比重，因此它总是熙熙攘攘的，好不热闹。有时间的话不妨再去看看三帕莱区（Sam Phreang），在那里有历经70年之久的、最传统的小吃和菜肴。

曼谷新城

曼谷新城有着与老城截然不同的景象，这里是购物的天堂，拥有豪华的购物中心；这里也是美食的国度，有高级的美食广场和食品集市。在这个现代化的街区，您可以体验别致的酒吧风情，下榻高档的星级酒店，总之，在这里能找到所有您想要的东西。曼谷新城的职能很难用一句话去描述，它占地辽阔，影响巨大，也没有明确的地区分界线。总的来说，曼谷新城可以分成几个不同的区域，其中包括湄南河以南的商业区，是隆（Silom）和沙吞（Sathorn）为主的领事区，素坤逸（Sukhumvit）附近的超现代购物区以及新晋的时尚社区阿里（Ari）和通罗（Thong Lo）。

高效便捷的空铁（BTS）和地铁（MRT）网罗着整个城市，然而在同一个城市里，却有着截然不同的景象，也正是这些差异让曼谷独特又迷人。这里既有像孔堤市场（Khlong Toey market）这样接地气的集市，也有像暹罗百丽宫（Siam Paragon Plaza）一样奢靡的购物天堂。这之间的对比令人震惊，令人着迷，可以说这一切都是曼谷不断发展的结果，也是曼谷包罗万象的体现。曼谷，就是这样一个千变万化着、令人沉醉的城市。

Bangkok

再会N15码头

我带着激动的心情和饥饿的胃，又一次踏上了曼谷素万那普机场（Suvarnabhumi Airport），此时的我迫切需要一碗香喷喷的面，于是我用最快的速度下到地下站台，搭上了第一班空铁，打算直奔市中心。泰国的空铁从机场到市里仅需要50泰铢（约10.5元人民币）。不到20分钟的时间，空铁飞快地将我从郊区的机场带到了曼谷市中心的披耶泰（Paya Thai station）车站。从这一刻起，我就正式脱离快速和舒适的交通工具了，包括公共汽车和出租车，都将不再是此次旅行的考虑范围内的。出了空铁，我找到了一辆摩托出租车，带着我的小帆布背包，继续前行2公里。终于，几分钟后，我站在了招待所的前台，这感觉就像是回家一样，我呼吸着熟悉的气味，感受着令人窒息的热浪，N15码头，我回来了！美食，我回来了！

多年来，我一直将塔维兹宾馆（Taewez Guesthouse）作为我东南亚烹饪探索之旅的大本营，每次来我都会住在这里。宾馆就在N15码头不远处。这个地区居住起来十分舒适，人们生活得特别安逸，而且和曼谷大多数地方一样，这里的食物也是非常丰富多彩的。N15码头靠近曼谷一个古老而地道的市场——提威市场，这里给我的感觉是亘古不变的安逸。这里似乎和之前相比没有太大的变化，人们在轻松惬意的氛围里做生意，他们的生活一如既往地忙碌且平静。与湄南河地区不太相同的是，这个地区的日常生活是以集市为中心蔓延开来的，通常从早上四点左右，集市就开始活动了，并慢慢带动着周边从黑夜中苏醒。

在泰国，太阳早早地就会升起，而我非常享受在太阳升起以后缓缓醒来的惬意。醒来的那一瞬间，就能感受到温暖的阳光将我包围。这里的阳光非常温和，将街道照得格外美丽，因此即便早上相对安静，街上依旧值得一逛。对我来说，咖啡是早上的必需品，所以我每天要做的第一件事就是去宾馆对面的咖啡馆，喝上一杯香浓的咖啡。一杯意式浓缩，一份曼谷邮报，就能让我时不时冒出来的起床气烟消云散，这种搭配是我晨间的不二之选。古怪而又慷慨的咖啡馆老板Pi Suyad总是坐在收银台和一个公共的体重秤之间，每每见到我，她总是好脾气地问候道："sabai dee mai，khun Tom（你好，汤姆先生）。"即使我因为去旅行或是回比利时而有一段时间没有出现，当我再次归来，她还是会照例问候我，并且亲切地推荐一些吐司或是蛋糕给我来搭配咖啡。

沿街散步的时候，我找到了一个卖**椰子布丁**的摊位，并决定买一些当作早餐。椰子布丁是我最喜欢的早餐之一，在我看来，它和意式浓缩是绝配！走着走着，我惊喜地在另一个摊位遇到了两位熟面孔，一位是之前就在这里卖**泰式点心（烧卖）**的女士，另一位是她对面又一位卖椰子布丁的老板。虽然已经过去了10年，但我很高兴看到同样的卖家依然坚守在这里，站在同一个地方，卖着口味一如既往的食物。这里的小贩除了周末，基本上每天都会来报到，因此周末的提威市场人数相较于平时会稍有减少。当然，每周一是清理市场的日子，所以您也未必能看到他们。但是总体来说，他们在市场出现的频率还是很高的。因此，人们常说卖椰子布丁的老板大多是持之以恒的人，因为制作这道小食的周期本身就很长，还要坚持着拿到市场上去卖，可以说是非常辛苦了。

每日晨间，僧侣们会穿着深红色长袍，赤着脚走出寺庙，走上街头化缘。就在卖椰子布丁的摊位旁边，我有幸目睹了卖**泰式烤猪肉串**和烤肉丸的女士虔诚地为僧人们布施，并行泰国合掌见面礼。

泰国合掌见面礼的姿势是将手掌并在一起，指尖朝上，同时保持双手靠近胸部、嘴巴及头部，略微弯曲头部和身体。泰国合掌见面礼就像是我们打招呼时的握手动作，您问候的人的地位越高，或者您想表达更多的尊重之情，双手就抬得越高。总之，我很高兴能再次回到泰国，回到这里！你好，N15码头！

煎制

椰子布丁

ขนมครก

khanom khlok

“Khlok”在泰语中是研钵的意思，虽然听起来不是非常美味，但确实准确地描述了这种小吃的形状。

配料

350毫升浓稠的椰子奶油
50克+1汤匙砂糖
2½汤匙木薯粉
400克黏米粉
50克新鲜椰浆，捣成泥状
3汤匙生大米，研磨至粉状
2茶匙盐
750毫升淡椰奶
2汤匙植物油

馅料

将1个洋葱切成小粒丁
或剥少许甜玉米粒

将浓稠的椰子奶油和50克砂糖一起放入平底锅中，煮至砂糖融化，让其冷却至室温。待其完全冷却后，加入木薯粉拌匀，静置待用。将黏米粉和捣好的椰浆混合在一起，加入磨碎的大米粉、盐和1汤匙的砂糖，再加入淡椰奶，搅拌均匀。

在布丁容器[1]中刷一层油，置于燃气灶上，用中火加热。等待几秒钟后，在容器中加入之前准备好的大米粉，并添加淡椰奶直至容器的⅔。随即在顶部加入之前准备好的椰子奶油混合物。在上面撒上一些洋葱粒或一些玉米粒。盖上盖子，煎上几分钟待布丁成型即可。

用勺子轻轻取出布丁。将两片布丁扣在一起，即可装盘，趁热食用。

推荐用油来清洁布丁容器

1 铝合金圆形烤具。

根据传统习惯，这道餐品是在煤火上制作的。现今仍有一小部分人在坚持用煤火制作椰子布丁，来保持真正的原始味道。

蒸制

泰式点心——烧卖

ขนมจีบ

khanom jeep

如果您早上喜欢吃点儿有咸味儿、既健康又不油腻的小吃的话，不妨尝试一下泰式点心，而且就算您不会泰语也没关系，只需指出您想要买哪个即可。

烧卖配料

2个干蘑菇（例如毛木耳、香菇）
350克虾去皮、去壳、去虾线，切碎
250克猪肉末
1茶匙姜末
1根青葱，切成葱花
1个红洋葱，切碎
20片馄饨皮
1汤匙蚝油
1茶匙中国米酒
1茶匙芝麻油
½茶匙砂糖

酱料配料

2汤匙生抽
2汤匙老抽
1汤匙米醋
1小撮盐
1小撮砂糖

- 将蘑菇在水中浸泡15分钟，沥干并挤出多余的水。切碎。
- 将处理好的虾肉碎、肉末、蘑菇碎、姜末、葱花和红洋葱粒混合均匀。加入蚝油、米酒、芝麻油和砂糖，拌匀。
- 将2茶匙调好的馅料放在馄饨皮中间。
- 用手将烧卖拢成小杯子的形状。如有必要，切掉多余的馄饨皮。馄饨皮不能遮挡馅料，从上方应该能清晰地看到烧卖馅儿。重复以上操作，制作出您认为合适的数量。
- 将烧卖蒸5～10分钟（根据馅儿的用量来决定时间的长短），蒸熟即可取出。在此期间，您可以调制酱汁配料，放在一边待用。烧卖搭配酱料味道会更加鲜香。

*馅料搭配可以视个人口味调整
*如果您看到了白色烧卖，这种就是用米纸代替馄饨皮来包制的。

泰式烤猪肉（串）

หมูย่าง/หมูปิ้ง

moo yang / moo ping

对泰式烤猪肉（串）来说，最重要的环节是腌制过程。好的腌料会让猪肉更鲜嫩、更有味道。有些小贩会将腌制好的猪肉串成串进行烤制；有的则不以烤串的形式烹饪，他们会将烤好的肉切片放在盘子里，再放上一些黄瓜和新鲜蔬菜作为配菜，常佐以青木瓜沙拉和糯米食用，味道更佳。

制作10串所需食材

10根木签或竹签
400克猪排，切成细条
2瓣蒜，切碎
6簇香菜根，用刀刮去污渍，切碎
½汤匙白胡椒粉
4汤匙鱼露
1汤匙生抽
125毫升椰子奶油
1汤匙植物油
1汤匙白砂糖

- 将签子放在水中泡1小时，防止烧焦。
- 将除了猪肉条的所有配料混合在一起，放入一个大碗中，搅拌均匀作为腌料。将猪肉条放在腌料中腌制至少30分钟。
- 将腌制好的猪肉条串在签子上，用炭火烤制约5分钟，烤熟即可取下食用。烤制过程中请经常翻面，以确保肉串受热均匀。

香菜是一个浑身是宝的食材，除了我们熟悉的香菜秆和香菜叶，在泰餐烹饪中还经常出现香菜根。香菜根的处理方式是将其洗净后，用刀刮去残留的污渍，然后将其切碎。如果您在亚洲超市找不到它，可以使用香菜秆代替，从口感上来说虽然不会完全相同，但它是所有代替品中最佳的选择。

在N15码头的午餐时间

午餐前，我在市场上闲逛，集市熙熙攘攘，人们各司其职，看上去非常忙碌的样子。角落里坐着的一家人每天的工作就是剥鸡蛋，一天下来差不多要剥3000个鸡蛋。不远处的街上，冰块厂的工人们正马不停蹄地将一块块冰砖切小并制成碎冰，以提供给市场摊位的小贩们。前往码头的路上有一座横跨运河的桥，桥上放着一些用木垫和芦苇编的筲箕，上面分别摆满了当地人晒的鱼和辣椒。闲逛过后，我还去拜访了以前总去的那间泰式按摩房，我欢喜地发现在那里工作的女士还记得我，于是我停留了片刻，与她攀谈了一番。

中午时分，我往宾馆折返，回去的路上我看到老熟人Khun Nee家的店还没开门。Kuhn Nee经营着一家主打现点现做的餐馆“dtam sang”，这意味着厨师们会提前处理好食材，然后陈列出来，顾客可以从现有食材中选择他们想要的食物。当然，也可以直接从菜单上选一些经典的菜品搭配，比如**泰式圣罗勒炒鸡肉盖饭**、**泰式黑胡椒蒜香猪肉**米饭套餐或是**辣鱿鱼沙拉**。如果您觉得炒出来的餐品还不够味儿，不妨试一下泰式鱼露鲜辣汁，它的地位相当于西方饮食界的盐和胡椒，是一种日常随处可见的调味料。

我去的时候集市正在全面翻新，工人们正在铺设新的路面，与此同时整个市场都在进行消毒。以前集市正中心有个台球桌和一家酒吧，我和当地人在那里玩了大约上万场的桌球，可惜这一切都在施工队的拆除行列。接着，我溜达到泰国国家银行大楼，它位于Samsen路的拐角处，在这里，我遇到了一位卖**清迈咖喱鸡肉面**的女士。这位女士说，她是清迈人，已经在曼谷经营这家小食店超过30年了。我向她打探了Khun Nee的近况，她说Khun Nee已经离开了她创建的餐厅，向别的领域寻求发展了，一个活泼开朗的年轻女孩接管了她的餐厅，现在正在制作类似的菜肴。听到这里，我不由得为Khun Nee感到惋惜，在我看来，Khun Nee是一个非常有天分的厨师，她用她小小的燃气灶给顾客带来了大大的满足。但现实就是这般捉弄人啊，时间不会停滞不前，一些东西能留得住，另一些则会慢慢消失。我双手捧过摊主递给我的鸡肉面，坐下来，将奶油咖喱酱淋上青柠汁，我卷起面条，一口塞入口中，让味道在口腔中蔓延。泰国的面条就是这样种类繁多，且口味让人意犹未尽，可以说是午餐的佳品。

—炒制

泰式圣罗勒炒鸡肉盖饭

ไก่ผัดกะเพรา

gai phat krapao

配料

2汤匙植物油
2瓣蒜，压碎
250克鸡胸肉，去骨并切成小块
2个大的红辣椒，切碎
2束圣罗勒
2汤匙鱼露
1汤匙砂糖
2汤匙水或鸡汤

- 中火将锅加热。
- 加入油和大蒜末，翻炒几秒钟。
- 调至大火，将鸡肉块入锅。
- 倒入辣椒和一半的圣罗勒。
- 翻炒1分钟，加入鱼露、砂糖、水或汤料，调至小火继续翻炒。最后，倒入剩余的罗勒，翻炒几秒钟，即可配上米饭食用。

*您也可以用猪肉代替鸡肉。

罗勒在泰国分三种类别，其中最常用的两种是泰国罗勒和圣罗勒。泰国罗勒有着淡淡的茴香味，常用于制作沙拉和咖喱；圣罗勒则有淡淡的胡椒味，常用于炒菜；第三种不太常见，名叫柠檬罗勒，它带有淡淡甜柠檬的味道，常用于制作沙拉和汤，其作用是增添食物的香气。

一炒制

泰式黑胡椒蒜香猪肉

หมูกระเทียมพริกไทย

moo kratiem phrik thai

配料

250克猪肉
1瓣蒜
15粒白胡椒
2簇香菜根，用刀刮去污渍，切碎
2汤匙植物油
2汤匙鱼露
2汤匙水或鸡汤
¼汤匙砂糖
1茶匙胡椒粉
1把香菜叶
1个煎蛋（可选）

- 将猪肉切成小块。
- 用槌将蒜瓣、白胡椒粒和香菜根捣碎研磨成糊状。
- 用小火将锅加热，在锅中加入油，再放入捣碎的混合物，炒制30秒。加入猪肉块，调至大火翻炒。加入鱼露、水或高汤、砂糖，持续翻炒直到猪肉烹熟。
- 撒上胡椒粉，最后在菜品上点缀香菜叶，即可食用。

这道菜也可以用牛肉或是虾肉来代替猪肉。食用时可以搭配米饭、黄瓜片或单面煎蛋。

一煮制

辣鱿鱼沙拉

ยำปลาหมึก

yam pla muek

吃这道菜之前，请先忘掉您之前吃过的嚼不烂的鱿鱼圈吧！ 这道餐品在保持鱿鱼味道的同时，会让吃进去的鱿鱼像黄油一样在口中融化，鱿鱼的清香配上辣椒的刺激，可以说是一种舌尖上的享受。

沙拉配料

200克新鲜鱿鱼，
清洁干净后切成细条或环状
1个白洋葱，切成薄片
2个泰国青柠檬，切精细薄片（可选）
1根柠檬草，取其白色部分切成薄片
10片薄荷叶
8片香菜叶（可选）
8片意大利香芹叶或中国芹菜叶，切碎
1个小番茄，四等分
1汤匙米醋

调味料

2～4个小的红辣椒和青辣椒，切碎
3汤匙青柠汁
2汤匙鱼露
1小撮砂糖

将所有的调味料放入碗中，稍做搅拌后静置待用。调好的酱汁味道应该是集合酸、咸、辣为一体。在煮沸的淡盐水中加入适量米醋，然后将切好的鱿鱼快速地入水焯一下，待鱿鱼从透明变为不透明，即可从水中捞出，将其放入冰水中待用。将其余沙拉配料混合，再将鱿鱼捞出后均匀拌入沙拉配料中，淋上调料酱汁，即可食用。

鱿鱼可以用其他肉类或海鲜代替，如烤牛肉、烤虾、烤脆皮猪肉和烤金枪鱼等。本食谱是泰式沙拉的一个基本配方。这个食谱的独特之处在于用白洋葱代替青葱。通常情况下，青葱常用于沙拉中，但我们发现白洋葱质地更加柔软，口味更加清甜，与焯水后的鱿鱼组合起来口感更佳。

这道菜充分体现了泰国美食的点睛之笔之一——青柠，它的酸味加上辣椒的辛辣以及香料的清香，能给您带来流连忘返的用餐体验，是一道尝过便容易上瘾的餐品。

รายการอาหาร
ข้าวซอยไก่-เนื้อ / ก๋วยเตี๋ยวแกงไก่-เนื้อ
ขนมจีนน้ำเงี้ยว-น้ำยาไก่ / ข้าวหมกไก่
เนื้อสะเต๊ะ / ไก่สะเต๊ะ / ยำสลัด
ข้าวซอยเนื้อไก่ 40 45 60
ข้าวหมกไก่ 50 50 65
ขนมจีนน้ำยา 35 35 40
ขนมจีนน้ำเงี้ยว 35 35 40
ผัดไทย กุ้งสด 40฿
ก๋วยเตี๋ยว คั่วไก่ 40฿
อาหารถูกปาก

—煮制

清迈咖喱鸡肉面

ข้าวซอยไก่

kao soi gai

说起清迈咖喱鸡肉面，那可谓是一顿实打实的正餐，油炸过的面条与顺滑的汤头形成鲜明对比，口感绝佳。

主食配料

2个鸡腿，剔骨后切成块
4汤匙椰子奶油
1汤匙椰糖
2汤匙生抽
1茶匙老抽
500毫升鸡汤
1把鲜鸡蛋面
几块油炸鸡蛋面
2根小葱，切碎
1把切碎的香菜叶

酱汁配料

3个大的红干辣椒，去籽，在水中浸泡10分钟，沥干，切碎
2个红葱头，切碎
1茶匙烤好的香菜籽
2瓣蒜，切碎
2厘米长的姜黄，切碎
2厘米长的生姜，切碎
3簇香菜根，用刀刮去污渍，切碎
1小撮盐

用槌将酱汁的全部配料捣碎，研磨成质地光滑的糊状。将椰子奶油放入锅中加热，直到油开始从奶油中分离。调成小火后加入研磨好的酱汁配料，煎制5分钟。在锅中加入鸡腿肉块，撒上椰糖、生抽、老抽调味。放入鸡汤，小火慢炖约20分钟，直至鸡肉煮熟。

将鲜鸡蛋面焯熟，放入碗中，将加工好的鸡腿肉块平铺于面上，倒入炖好的高汤。

最上面放上油炸鸡蛋面，撒上葱花和香菜叶，佐以泡菜、切好的红葱碎和青柠，即可食用。

您可以随便替换这道菜的肉的类型，例如可以用牛肉代替鸡腿肉。

搭配餐品推荐

泡菜
1个切好的红葱头
1个切好的青柠

游历曼谷老城区和湄南河地区

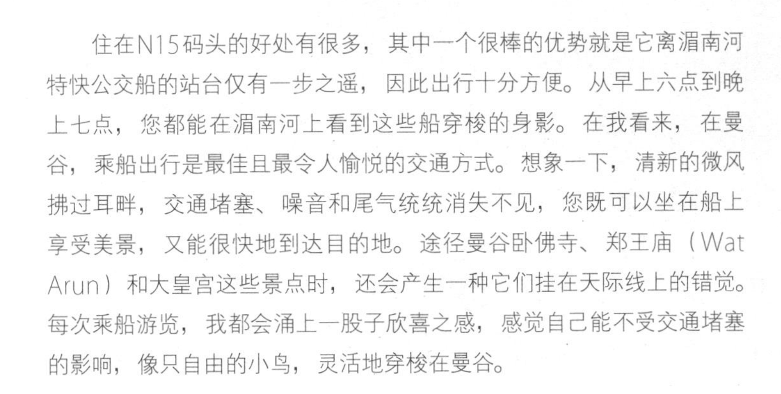

住在N15码头的好处有很多，其中一个很棒的优势就是它离湄南河特快公交船的站台仅有一步之遥，因此出行十分方便。从早上六点到晚上七点，您都能在湄南河上看到这些船穿梭的身影。在我看来，在曼谷，乘船出行是最佳且最令人愉悦的交通方式。想象一下，清新的微风拂过耳畔，交通堵塞、噪音和尾气统统消失不见，您既可以坐在船上享受美景，又能很快地到达目的地。途径曼谷卧佛寺、郑王庙（Wat Arun）和大皇宫这些景点时，还会产生一种它们挂在天际线上的错觉。每次乘船游览，我都会涌上一股子欣喜之感，感觉自己能不受交通堵塞的影响，像只自由的小鸟，灵活地穿梭在曼谷。

每天清晨，我都会先乘船到曼谷花卉市场（帕空鲜花市场）。曼谷花卉市场是曼谷市区最大的批发市场之一，位于曼谷纪念桥（Memorial Bridge）以北。集市有种说不出的生机盎然，一路走下来，哪怕只是看看不买，也会被沿途的气氛所感染。这里的水果、蔬菜、鲜花和植物等琳琅满目，且家家户户都质量过硬。走了一会儿后，我给自己买了一杯**热豆浆**和一些**泰式甜甜圈**。与此同时，在旁边的摊位上，**泰式咖喱米线**传来的香味让人垂涎欲滴、跃跃欲试。

现在还只是早上九点，但外面已经非常热了。我继续步行到卧佛寺，卧佛寺那边有一个按摩学校，学生们个个技艺精湛而且手法独特，那里是我时不时奖励自己放松一下的好去处。小贩们不甘示弱地抓住了商机，学校旁各类营养餐应运而生，比如沿途我看到一个年轻女孩，她背着一个冒着蒸汽的篮子，里面放着热腾腾的各类土豆及新鲜大豆。这周围还衍生出不少贩卖养生食品的商铺，像是草药和健康小食之类的。我在享受了一番按摩过后，轻而易举地找到了一家卖**米粥**的店铺，米粥也是我最爱的早餐之一，它健康又美味，感觉吃多少都不满足。另外，我还偷偷瞟到隔壁桌的人点了**肉末芹菜豆腐**。值得一提的是，在亚洲，素菜与肉类结合的餐品很是常见，大部分亚洲食物本身就很难从传统意义上去定义它们到底算素菜还是荤菜。结束早餐后，我穿过大皇宫，到达了有名的护身符市场，那里主要出售一些带有佛像的项链和护身符等等。很多泰国人会去那里求一个护身符，在泰国人眼中，护身符不仅可以给他们带来好运，还能保护他们免受邪恶势力的侵害。

炸制

泰式甜甜圈

ปาท่องโก๋

pah thong koh

在泰语中，“pah thong koh”意为热恋中的情侣，此名想表达人们与这个食物如胶似漆、难以割舍的眷恋之情。

配料

¼茶匙小苏打
1茶匙泡打粉
1茶匙砂糖
1小撮盐
200毫升水
600克面粉
1汤匙植物油
炸制用油

- 在面盆中，将小苏打、泡打粉、砂糖和盐混合，加入水和面粉，搅拌均匀。
- 加入植物油，将混合物揉成光滑的面团并盖上毛巾，室温下放置4小时发酵。
- 将油炸用的油在锅中加热。
- 在工作台面上撒一些面粉。
- 取一块面团，将其切成小块，分别擀成长方形的条状（1.5厘米×6厘米）。取其中两条，蘸一些水，将两个面条中间的部分粘在一起，摆出十字交叉的形状。重复这个步骤，做到您认为合适的数量。
- 将其放入备好的热油中炸至金黄酥脆。
- 沥干油后即可食用。

在泰国，由于近年来星巴克的进入，咖啡行业飞速地发展起来。越来越多的人开始喜爱咖啡，优质咖啡也越来越普及，人们开始致力于制作真正的意式浓缩咖啡、奶泡充盈的卡布奇诺咖啡及醇香浓厚的拿铁咖啡等。与此同时，会吃懂吃的泰国人在咖啡摊旁，常设置卖泰式甜甜圈的小摊。有些时候，他们会将甜甜圈配以米粥食用，常见的吃法是将其掰成小碎块，扔进粥里。

“Khanom”在泰语中是甜点的意思，同时也是面团的意思。要说泰国米线的食谱，那真的是多到数不清，要是单独讲它们，恐怕一整本书都不够。这其中有三种最出名搭配：泰国椰子菠萝米线、生姜鱼肉米线和缅式咖喱猪血米线。

泰式青咖喱鱼肉米线

ขนมจีนแกงเขียวหวานปลา

khanom jeen gaeng kiaw warn pla

米线和咖喱的搭配，口感丰富且常常随当地特色而加入不同的配料。以下食谱是经过简化后，易入门的改良版。

主配料

4汤匙椰子奶油（取自罐装椰奶的顶层）
1汤匙鱼露
½茶匙砂糖
3个泰国茄子，切碎
200毫升椰奶
300克肉质紧致的白鱼（最好是鮟鱇鱼或鲶鱼），切成条状
200毫升鸡汤
4片泰国青柠叶，去掉叶脉并切碎
1把泰国罗勒
500克泰国白米线

青咖喱酱配料

12个鸟眼辣椒，切成大块
2个大的绿辣椒，切成大块
2个红葱头，1茶匙烤好的香菜籽
2瓣蒜，½茶匙烤好的小茴香籽
1根柠檬草，1茶匙白胡椒粒
2片高良姜，切碎
1簇香菜根，切碎
1片泰国青柠叶，去掉叶脉并切碎
1个沙姜，切碎
1茶匙虾酱，在铝箔中烤熟

将青咖喱酱的所有配料用槌捣碎，研磨成质地光滑的糊状，静置备用。

大火将锅加热，放入椰子奶油，搅拌至脂肪分离出来，然后将火调到最小，加入2～3汤匙青咖喱酱，小火翻炒几分钟，撒上适量的鱼露和砂糖。

在锅中加入茄子，继续翻炒30秒。加入椰奶和切好的鱼条，小火煮到沸腾，倒入鸡汤，然后继续用小火煮制。最后加入青柠叶碎和泰国罗勒。

根据买到的米线外包装上的说明，烹制泰国白米线。食用时可点缀上新鲜的豆芽、切成片的黄瓜和一些香菜。

装饰用配菜

少许新鲜的豆芽
黄瓜片
新鲜的香菜

—煮制 —蒸制

米粥

โจ๊ก

joak

米粥是泰国人的心头爱，它既可以是让人充饥的丰盛的早餐，开启一天的美好生活，又可以作为易消化的夜宵来滋润脾胃，抚慰心灵。

配料

200克（碎）大米
1升鸡汤
100克猪肉末
3汤匙生抽
¼茶匙白胡椒粉
2个煮熟的鸡蛋，四等分
2根小葱，切碎
1把香菜叶
1汤匙油炸大蒜
1～3颗大辣椒
200毫升醋
适量鱼露（可选）

- 先用冷水淘洗大米几次后，可以选择任意方式将大米煮熟。将鸡汤煮沸，可以根据您的喜好额外在鸡汤中添加一些芹菜碎、柠檬草碎、白胡椒粉、香菜根碎及高良姜等。将米饭倒入鸡汤中，小火慢炖。时间上可以视情况而定，您若是偏爱黏稠口感的粥，即可多煮一会儿；若是喜欢偏硬的质地，即可少煮一会儿。最后可以用酱油和白胡椒粉稍做调味。
- 将切好的鸡蛋放到碗里，倒入适量的米粥，用香菜叶、葱花及油炸大蒜点缀，即可食用。您还可以根据自己的喜好佐以一些额外的调味，如醋、辣椒和鱼露等。
- 另外还可以搭配新鲜的生姜、花生、油炸鱼、干虾或干鱼、烤猪肉、生蛋黄、炒虾、鸡肉以及腌菜等。

在烹饪的过程中，建议不要一次性加入所有的米饭，在有需要时通过补充米饭或者添水来调整粥的配比和黏稠度。使用碎米是因为相较于普通的大米，碎米颗粒感更强，更有嚼劲，黏性更大。

早年间，小贩们头一天晚上就开始准备米粥的材料了，一般都会小火慢炖一整晚，第二天拿出去售卖。

肉末芹菜豆腐

บะหมี่เกี๊ยวปู

toa huu throing kreang

对西方人来说，或许有些人会觉得豆腐和猪肉出现在同一道菜中有些奇怪，但这种搭配在中餐里并不罕见。就这道菜而言，中国的芹菜和泰国的辣椒为菜品本身增色的同时，更使其口感爽口、香气浓厚，且赋予其鲜明的泰餐特色。

配料

- 2汤匙植物油
- 1瓣蒜，压碎
- 1个泰国红辣椒，切成圈状
- 200克猪肉，剁碎
- 200毫升水
- 1汤匙生抽
- 1汤匙蚝油
- ¼茶匙砂糖
- 200克煎豆腐/豆泡，切成2厘米的方块（也可以用油炸过的普通豆腐替代）
- 3根芹菜，将叶子和茎大致切碎
- ¼茶匙白胡椒粉

用中火将锅加热，倒入油、大蒜末和辣椒圈，炒几秒钟，然后加入猪肉碎，调至大火继续翻炒，直到肉变成褐色且颗粒分明。

在锅中倒入200毫升水，煮1分钟，然后加入生抽、蚝油和砂糖调味，搅拌均匀。

在锅中加入煎豆腐/豆泡，加热后倒入芹菜碎，小火慢煮1分钟。起锅后，撒上少许白胡椒粉，即可配米饭一起食用。

您可以用任意其他肉类替代猪肉，例如牛肉或鸡肉。对素食主义者来说，您可以使用素肉或者切碎的蘑菇代替肉类，也可以用蘑菇酱代替蚝油。

河边的街头美食

顺着月亮码头的方向看去，河岸右侧分布着不少颇有意境的餐厅，是理想的小憩之地，您可以悠然地享用一顿美味的午餐或下午茶，亦可以停一会儿看一看这迷人的景色。

河岸边整齐地排列着数家餐厅，它们都有着特别引人注目的金属屋顶，大部分餐厅都会提供一种叫作**香酥鱼佐青芒果沙拉**的餐品。这道菜绝对是我最喜欢的泰餐之一，可谓是酸、香、辣之间完美平衡的最好例证。芒果滑溜溜的质地和酸酸的口感，配上酱汁中青柠的清新和辣椒的辛辣，再加上脆脆的炸鱼和花生，吃完这顿餐瞬间感觉自己就是一个真正的人生赢家！

我清楚地记得，10年前，我和艾娃尝遍了河边餐厅各式各样的餐食。面对这等景色，再伴上微微的小风，那时的我们似乎有聊不完的话题，说话间几个小时就飞快地过去了。我永远也忘不了在这个河岸所发生的一切，而这一切似乎就发生在昨天，记忆是那么的清晰，恍如隔日。我们常常共食一份**沙爹烤鸡肉串**，佐以花生酱当作前菜，主菜的话，我们偏爱泰国有名的**冬阴功汤**以及**炒芥蓝配香酥猪肉**。我对于那段时光的记忆，几乎都离不开“美食”这两个字。当然了，不知是否唯有我如此，和在乎的人一起分享这些美食时，食物的口感及滋味的确更佳。

很早就听说王朗码头（Tha Wang Lang）和诗里拉吉码头（Siriraj Pier，诗里拉吉医院附近的码头）的后面，藏着一个烹饪的绿洲。为了到这个传说中的美食天堂去看看，我乘着摆渡船，穿过湄南河，到了月亮码头（Chang Pier）的对岸（王朗码头和诗里拉吉码头附近）。漫步在狭窄的街道上，我被无数的小摊包围着，有一种说不出的震撼，同时也遗憾于没有办法品尝到每一样东西。这其中我品尝了**泰式蒸红咖喱鱼饼**、**泰式炸春卷**和**泰式蒸鲭鱼**。而这些，仅仅是这个美食天堂里的一个倩影，一个碎片，还有更多的东西等着您自己去探索。

香酥鱼佐青芒果沙拉

ยำปลาดุกฟู

yam pla duk foo

很可惜大多数海外的泰国餐馆没有将这道菜加入菜单之中，但是有了这个食谱，即使您不在泰国，也能品尝到这道餐品独特的口感与味道！

主食配料

1条鲶鱼，鲈鱼或鲷鱼也可
1条熏鲑鱼
1撮盐
炸制用油

酱汁配料

3汤匙青柠汁
2～4颗小辣椒，切碎
2汤匙鱼露
1汤匙砂糖

沙拉配料

1个小的青芒果
2个红葱头，切碎
1把烤/炸花生米
1把薄荷叶
1把香菜叶
2个干炸大辣椒（装饰用，可选）

- 先预热烤箱至190度。将鱼清洗后（刮鳞并且去除内脏）用厨房纸拍干，放入烤箱烤制约1小时，直至鱼完全烤干。静置到室温后，将鱼去骨，切片。
- 在食物搅拌机（料理机）里加入烤好并切好的鱼片、熏鲑鱼和盐，打碎。但注意不要太碎，否则会降低鱼杂的黏着性。
- 将锅中的油加热，将之前打碎的鱼杂攒成一个团，放进油锅中炸制，待不再有泡沫冒出时，用漏勺将其捞出，将散落的鱼肉簇成一团。将之前捞出的鱼杂团翻面后继续炸制成金黄色的饼状即可，将其放在厨房纸上吸油晾干。
- 再次将油加热，重复上面的操作，直至用尽所有打碎的鱼杂。
- 加入所有的调味品，将它们调成酱汁，搅拌均匀。
- 将芒果剥皮，削成丝状。加入红葱头末、花生、薄荷叶和香菜叶，即可盛盘。再放入炸好的鱼饼和一些干炸大辣椒（视个人口味而定），淋上酱汁后即可食用。

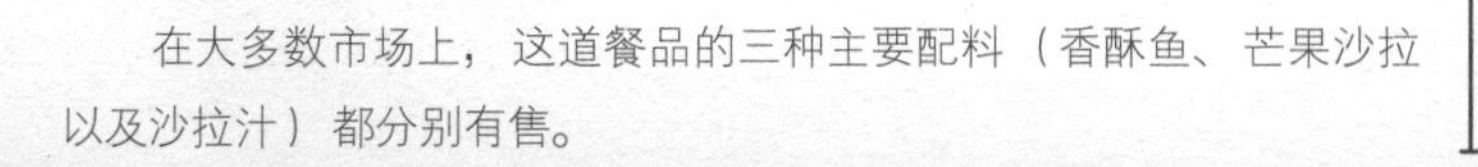

在大多数市场上，这道餐品的三种主要配料（香酥鱼、芒果沙拉以及沙拉汁）都分别有售。

沙爹烤鸡肉/猪肉串

สะเต๊ะไก่/สะเต๊ะหมู

satay gai / moo

沙爹总是配上花生酱一起吃，并佐以黄瓜当小菜。有时可以看到一些进阶版的特制沙爹，比如加上菠萝或圣女果的沙爹。

制作10串份所需材料

- 10支木签或竹签
- 450克鸡肉或猪肉
- 2茶匙香菜籽
- ½茶匙孜然籽
- 2瓣蒜，切碎
- 4个红葱头，切碎
- 2～5厘米长的鲜姜
- 2～5厘米长的姜黄根
- 1茶匙盐
- 2汤匙植物油
- 2汤匙白砂糖

先将签子放在水中泡1小时，以防烧焦。

将鸡肉或猪肉切成细条。

将香菜籽、孜然籽、蒜末、红葱头末、鲜姜、姜黄放入研钵中，用槌捣碎研磨成质地光滑的糊状。然后加入盐、油和糖，将切好的肉条放入研钵后抓匀，腌制至少1小时。

将腌制好的肉条串在签子上，即可开始烤制。过程中请经常翻面，以确保受热均匀。

姜黄是姜科姜黄属植物，也是一种有名的香料。姜黄常被错认为与藏红花的科属一样，其实不然，藏红花实则是鸢尾科番红花属的多年生花卉，因此可以说是截然不同了。姜黄外表看上去有一层厚厚的棕色外皮，但其实剥开来看，其内芯呈现出的是深橙色，因此当它添加到食物中时，它会使菜也呈橙色，这也解释了为什么姜黄常与藏红花混淆。但就如我提到的，二者之间并无联系，也不可替换。

自古以来，姜黄一直被当作药用。姜黄对于很多的疾病都有治疗或预防的作用，最常见的是把姜黄作为消炎药使用。尽管姜黄根的药用性毋庸置疑，但在厨房中，它却是一种棘手的辅料，因为它常常会留下了难以清洗的污渍。因此建议您在剥姜黄根时戴上手套，以防手指变黄。

ข้าวแกงเจ๊กี
ราคา
บาท
ออมสิน

炒芥蓝配香酥猪肉

ผัดผักคะน้าหมูกรอบ

phat pak kanaa moo khrob

蔬菜涩涩的口感与咸鲜酥脆的猪肉结合在一起，可以说是相得益彰。

配料

1汤匙植物油
1瓣蒜，压碎
1个小辣椒，切碎（可选）
2个芥蓝，摘净后斜刀切短
2汤匙蚝油
1汤匙鱼露
½茶匙砂糖
4汤匙水或淡鸡汤
10厘米长香酥炸猪肉，切成一口能吃下的大小
¼茶匙现磨黑胡椒粉

- 用中火加热炒锅，温度上来以后加入植物油、大蒜末和辣椒末，翻炒几秒钟。
- 加入芥蓝，调成大火，翻炒1分钟。
- 加入蚝油、鱼露和砂糖，继续炒1分钟。
- 加入水或鸡汤，炒制半分钟后把火调小。
- 加入准备好的香酥炸猪肉和黑胡椒粉。

冬阴功汤

ต้มยำกุ้ง

tom yam kung

“Tom”在泰语中的意思是“煮沸”，而“Yam”则是“混合”的意思。

配料

8只虾
1升水
1汤匙泰式辣椒膏
3汤匙青柠汁
2～4根柠檬草，切碎
6片高良姜
8片泰国青柠叶，切碎
2个红洋葱，切成薄片
2瓣蒜
2汤匙鱼露
1把草菇或者平菇，大致切碎
2～4个小辣椒
1把圣女果，对半切开
1把刺芹切碎或香菜叶切碎
1根小葱，切碎

去掉虾的头部（如果买的是带虾头的虾的话）和腿，剥掉虾壳，剔除虾线，留下尾部完整的虾肉。保留虾壳和虾头用于制作高汤。

将保留下来的虾壳和虾头放入沸水中煮15分钟。如果您想让高汤更有味道的话，也可以先将虾壳和虾头用油炸一下，然后再加水煮。煮好的高汤过滤掉汤渣，只保留汤头，放入泰式辣椒膏和青柠汁搅拌均匀，静置待用。

将柠檬草碎、高良姜、泰国青柠叶碎、红葱头片、蒜和鱼露加入高汤中煮沸。然后加入蘑菇，继续炖煮2分钟，再将虾倒入，一旦它们变成粉红色，即可关火。随即加入小辣椒和圣女果。

混合泰式辣椒膏和青柠汁，将1茶匙的混合酱汁分别放入待用的碗中，将做好的汤底倒入碗中，用刺芹或香菜叶以及葱花装饰，即可食用。

每当我在泰国感冒的时候（是的，在热带地区依旧会感冒，别怀疑），我会选择喝冬阴功汤来补补身体。这道汤很是滋补，而且有助于增强人体的免疫力。

INTERCOOL
FOOD · DRINK · DELI
PEPSI
PEPSI

柠檬草、高良姜和泰国青柠叶的结合，赋予了这道汤独特的风味。这三种食材的结合在泰国餐饮文化中是神一样的地位，您可以很轻松地在泰国大多数市场上找到这种捆绑销售。但要注意的是，这些草药不能直接食用。

几份关于“泰国美食在全世界的普及度”的调查中显示，冬阴功汤被列为“十大最受欢迎的泰国菜”中的第一名。同样，泰国人自己对于这道火辣辣的汤也是爱不释口，并且视冬阴功汤为国菜。

泰国人习惯喝热腾腾的冬阴功汤，您可以轻松地在一些冒着蒸汽的船上找到这道餐品，通常人们会通过使用小炭炉来保持汤的温度。新鲜的配料是制作完美的冬阴功汤之关键，这里有一个小诀窍就是，最后再加入青柠汁，这样能够展示出食材最鲜美的味道。

冬阴功汤既可以配合着米饭一起食用，也可以单独喝汤。冬阴功汤的种类繁多，不只传统的冬阴功（以对虾为主食材），还有混合多种海鲜的冬阴台（tom yam thaleh），加了鸡肉的冬阴盖（tom yam gai），以鱼为主配料的冬阴粑（tom yam pla），等等。一些厨师在起锅前还会添加一些牛奶、炼乳及椰奶，使其奶香更加浓郁。

泰式炸春卷

ปอเปี๊ยะทอด

poh piah thod

这道菜起初是中国人和越南人发明的，但是传到泰国以后，这种金灿灿的小零食受到泰国人的广泛欢迎，因而在当下的泰国，到处都可以找到炸春卷的身影。

配料

100克绿豆粉丝
8个干毛木耳
200克猪肉末
2瓣蒜，切碎
2汤匙鱼露
2汤匙生抽
½茶匙砂糖
½茶匙白胡椒粉
1根胡萝卜，切成丝
1把豆芽
6张米纸（小正方形或小圆形）
炸制用油

- 先将开水倒在绿豆粉丝上，盖上盖子泡发，让它静置3～4分钟。将水过滤出去后改刀切段，静置待用。
- 将干毛木耳浸泡在温水中10分钟，然后切丝。将猪肉末与大蒜末、鱼露、生抽、砂糖、白胡椒粉混合在一起。加入绿豆粉丝、毛木耳、胡萝卜丝和豆芽。
- 取一个盛有温水的大碗，放入一张米纸，等待几秒钟，直至变软，取出待用。
- 将之前调好的馅料放在米纸的中间，从米纸的一侧包住馅料往前卷制，然后稍微向后拉，并将米纸的左右两侧向里折叠，再次向前卷制至米纸完全包裹住馅儿，随即封口。注意卷制的时候要紧紧裹住馅料，确保春卷里面没有空气。
- 将油倒入炒锅，中火加热，放入春卷，炸至金黄色，用漏勺捞出，即可食用。

您可以根据个人喜好来随意更改馅料。如果您觉得油炸食品不够健康，也可以选择放到蒸屉上蒸后食用，甚至可以卷好以后直接吃。无论如何，别忘记要将米纸在温水中浸泡至其变软，也别忘了要使用新鲜的食材，如香草、生菜、黄瓜、金枪鱼及鲑鱼等。还等什么？动手卷出您喜欢的春卷吧！

泰式炸春卷是一个老少皆宜的开胃菜，通常情况下都会提前做好。在我们提供的食谱里，外皮用的是米纸，您也可以直接用超市里现成的春卷皮，一般情况下它可以在超市的冷冻区里找到。如果用的是春卷皮的话，可以用蛋清封口。

在依善的小憩

Pi Toon是我的一个好朋友，也是我很多点子的灵感来源。我最爱的Pa Sida家的餐厅，就是她介绍给我的，因为她曾经在那个社区工作过。很遗憾这次她在南方教潜水课程，不能来曼谷。我们曾经聚在一起，谈论得最多的一定是食物——各式各样的特殊佳肴。志同道合且聊得来的知己不可多得，因此，和她谈天说地的时候总是感觉时间过得飞快。她不光是我在泰国寻觅泰餐时的向导，也向我普及了泰国文化知识，很感谢她的分享，让我对“饮食文化”一词有了更加深入的理解。因为Pi Toon此次的缺席，我今天的街头美食向导变成了Tuk——另一位非常棒的向导。我第一次见到Tuk时，他和他的一位朋友Ploy一起在塔维兹宾馆工作。10年过去了，他已经从一个小男孩成长为一个大男人，就像许多泰国人一样，他有一颗温暖的心，他也是街头美食的活地图。

Pa Sida的餐厅（Sida阿姨的餐厅）是您泰国美食之旅必不可少的一站，乘公交船到王朗码头即可到达。餐厅开张至今已经有50年的历史了，Sida阿姨对这份事业的激情却没有丝毫地消退，餐厅愈发欣欣向荣。这次拜访之时，她还骄傲地向我们展示了泰国国王来她餐厅用餐的照片。餐厅主打泰国东北部依善地区的餐品，阿姨总是亲力亲为地制作餐品，虽说她是餐厅的老板，但您总能不出意外地看到Sida阿姨环坐在各种槌、捣的工具旁，制作着**青木瓜沙拉**等。我去的时候正值午餐时间，餐厅里坐满了形形色色的食客，他们之中有在医院工作的职员、市场的商贩和学生。Sida阿姨的手艺让他们不约而同地选择在这里用餐。餐厅里最热门的午餐食谱有**糯米饭**、**泰式烤鸡**、**拉帕碎肉沙拉**及**泰式凉拌牛肉**等，当然还有大名鼎鼎的青木瓜沙拉。菜单上光是青木瓜沙拉就有至少11种不同的口味，从最基本的标准版花生**青木瓜沙拉**，到稍具异国风情的**盐渍黑地蟹青木瓜沙拉**，抑或**发酵鱼青木瓜沙拉**等。我今天的选择的是美味的**竹笋沙拉**。

Tuk向我介绍了一种很特别的青木瓜沙拉，里面加了一种特殊的水虫。哇！那种富有层次的口感、扑面而来的香味以及舌尖上微妙的触觉，让我大开眼界而且爱不释口。对此，Tuk戏称我是个外貌是比利时人的泰国人。我还点了一份类似于依善牛排沙拉的餐品，这道菜将牛排换成了**鸡肝**，它最常见的吃法是配上糯米饭一起吃，当地人会直接用手将糯米饭攒成团，然后舀一勺食物或是汤汁淋在糯米饭上面，一口咬下去，那种酣畅得令人毛孔瞬间舒张的滋味，难以用言语来形容。

Tuk告诉我，他和另一个朋友Ploy以前常常会买糯米饭和几串烤鸡肝来作为午餐。鸡肝和米饭融合在一起的时候，脂肪和汤汁会浸入米饭里，味道别提多美了！

青木瓜沙拉

ส้มตำ

som tam

这道菜还有一个亲切的昵称“pok pok”，这是一个拟声词，模拟木槌捣碎食材发出的声音。您在制作这道菜的时候不妨也留心听听，有没有发出“pok pok”这样的声音，如果是，那说明制作过程很地道呢！

配料

200克青木瓜
1～2瓣蒜
2～5个小辣椒
1撮盐
1～2茶匙椰糖
2根长豇豆，切成1厘米长的段
2汤匙烤花生
4个圣女果，切半
2汤匙干虾皮
1个泰国茄子，切片（可选）
2～3汤匙鱼露
1～2汤匙青柠汁

- 青木瓜去皮后切成丝。将蒜瓣、小辣椒、盐和椰糖用木槌捣碎，加入豇豆段、花生、圣女果、干虾皮、泰国茄子片（可选），用一个大汤匙继续捣碎并且搅拌均匀。
- 在捣碎的混合物中加入鱼露和青柠汁调味。将处理好的青木瓜丝叠好，将混合物倒入，继续捣的动作并且将其搅拌均匀，直到青木瓜丝均匀地蘸满酱汁。

这是一个基础配方，从Sida阿姨家的菜单中不难看出，青木瓜沙拉的搭配很丰富，有很多变化的可能性。您可以用黄瓜代替青木瓜，或是在沙拉中加入擦碎的胡萝卜。

青木瓜沙拉配上糯米饭和烤鸡，可以说是“天堂”的味道！

卖青木瓜沙拉的小贩是最容易辨认的，每每您看到木质的槌，配上研磨用的碗，那么毫无疑问，他们就是卖青木瓜沙拉的人。这道餐品最初起源于依善地区东北部，那里是泰国一个比较贫穷的地区。青木瓜沙拉制作成本低廉，因而在此地区受到人们的广泛欢迎，尤其是女性（因其低脂肪且有益于消化）。逐渐地，青木瓜沙拉开始在全国范围内传播开来。究其原因，到底是源自出色的口感还是低廉的价格，我们无从得知，但是在泰国，青木瓜沙拉是一种神话般的存在，那满口的清香，让食客吃了还想再吃！

传统的青木瓜沙拉是用陶质或木材制成的槌和碗来制作的，之所以不用石头的槌和碗来制作，是因为这与捣制咖喱粉不同，青木瓜沙拉的配料最好不要磨得太细，只需将青木瓜中的汁压出即可，长柄勺的使用可以将各种食材混合在一起。

通常情况下，青木瓜沙拉的卖家会问您想要多少辣椒，您可以根据自己的口味来决定适合您的辣度。我曾经亲眼看见过有一位顾客在他的青木瓜沙拉中加了10颗辣椒，并且他吃的时候面不改色，让人丝毫不觉得他是在吃加了10颗辣椒的沙拉。

这里科普一个小小的泰语常识，如果卖家问您“phet mai khrap / ka”，他的意思是够不够辣。如果您不能吃辣，那一定回答“mai phet khrap / ka”。如果您要一个中辣，那么可以回答“phet nitnoi khrap / ka”。如果您想挑战一下最高的辣度，可以说“phet phet khrap / ka”，就是最辣的意思。

泰式烤鸡

ไก่ย่าง

gai yang

我们吃过的最好吃的泰式烤鸡，是在湄公河畔依善地区的边境城市莫拉限。这版食谱也致力于还原最好吃的烤鸡的味道。

配料

1只雏鸡
3簇香菜根，用刀刮去污渍，切碎
10粒白胡椒
3瓣蒜
¼茶匙盐
1根柠檬草，将底部切除，摘掉叶子，取其白色部分切成薄片
½汤匙姜黄（可选）
1汤匙鱼露
1汤匙砂糖
木签
铁丝（可选）

- 沿着胸骨将雏鸡切成两半，摊开，洗净，晾干。
- 用木槌将香菜根碎、白胡椒粒、柠檬草碎、大蒜和盐捣碎研磨成细腻的糊状，加入姜黄（可选）、鱼露、砂糖，搅拌均匀。将准备好的糊状物用力均匀地抹在鸡肉内外，放入冰箱，腌制4小时。接下来将腌好的鸡肉串在准备好的木签上，用铁丝固定住（可选），方便烤制时转动鸡肉。在烧烤架上烤制约20分钟，过程中请经常翻面，以确保受热均匀。
- 食用时搭配糯米，甜辣椒酱和各种生蔬菜，口感更佳。

如果您不想使用整只鸡，可以选用鸡腿、鸡翅或鸡胸肉来烹调。

泰国产的红葱头口感相较于普通的红葱头更佳，
但如果比较难找到，用普通红葱头代替也可以

— 煮制

鸡肉暖沙拉

ลาบไก่

laab gai

这道沙拉是酸辣口味，吃起来味道丰富，而且脂肪含量很低，是一道老少皆宜的美食。

配料

1份去皮的鸡胸肉
1撮盐
4汤匙水或鸡汤
2茶匙切碎的高良姜
1个红葱头，切碎
1根小葱，切成葱花
1茶匙辣椒粉
5汤匙青柠汁
3汤匙鱼露
1汤匙烤好并磨碎的糯米粉
1把香菜叶
1把薄荷叶

- 用锋利的菜刀（建议使用厨房专用切肉刀）将鸡肉剁碎，加入盐搅拌均匀，静置待用。锅中水烧开后加入高良姜碎和鸡肉继续煮，直至鸡肉煮熟，关火。然后将水倒出，仅留下一点原汁。
- 在鸡肉中加入红葱头碎、葱花、辣椒粉、青柠汁和鱼露，搅拌均匀，试吃一下味道，您应该能品尝到浓烈的酸辣味中，带着一点点咸味。
- 在上菜前，加入烤好的糯米粉和新鲜的蔬菜做点缀。

这道菜建议与糯米饭和各种新鲜蔬菜一起食用，如豇豆、卷心菜（白）、泰国罗勒和黄瓜。可以用手将糯米攒成一个球，在沙拉中蘸一下食用，或是直接舀一勺沙拉盖在糯米球上来食用。

“Laab”是一种烹饪方式，您可以选择炒猪肉、牛肉、鸭肉或任何您想吃的东西。其准备工序基本相同，但是某些辅料，例如泰国青柠叶和柠檬草需要依据主食材酌情选择。当您使用猪肉或鸭肉时，比较适合加入剁碎的青柠檬叶。如果您使用的是鱼肉或牛肉，那么切成小段的柠檬草会更加提味。除此之外，偶尔还会加入切成小段的豇豆作为辅料。这种烹饪方式操作起来十分简单，不妨尝试着依据个人喜好变换食材的选择。

依善牛排沙拉

น้ำตกเนื้อ

naam tok nuea

“Naam tok”字面意思是“瀑布”，这里指的是烤肉时在肉上形成的肉汁。烤好的黏米粉自带的淡淡坚果味，与烤肉中淡淡的木炭味相结合，令食客们为之而疯狂！

配料

3汤匙青柠汁
2～3汤匙鱼露
1撮砂糖
1茶匙辣椒粉
150克牛里脊肉
2个红葱头，纵向切成薄片
1根小葱，切成葱花
1根柠檬草，将底部切除，摘掉叶子，取其白色部分切成薄片（可选）
少量薄荷叶
适量烤好并磨碎的黏米粉

首先将青柠汁、鱼露、砂糖和辣椒粉混合，调好后可以品尝一下，其味道应该是集酸、辣、咸于一体，味道丰富且相互平衡，达到您觉得满意的口感后静置备用。

将准备好的牛里脊肉放在烤架上烤制（推荐木炭烤架以保持菜品正宗的味道）。烤好后即可切片（一口大小）备用，注意尽可能多地保存肉汁。

将切好的牛肉和肉汁与红葱片、葱花、柠檬草碎（可选）、薄荷叶混合，加入之前调好的酱汁和处理好的黏米粉即可食用。

配上新鲜的金枪鱼排，口感体验将会更加独特！

实际上，“naam tok”和“laab”的烹饪方式非常类似。在“naam tok”的烹调方式中，习惯将肉切成薄片烤制，而不是切碎煮制。其食用方式也和“laab”相同，建议与糯米饭和各种新鲜蔬菜一起食用，如豇豆、卷心菜（白）、泰国罗勒和黄瓜等。在泰国，“naam tok”的餐品常用牛肉作为主食材，偶尔也会使用猪肉。

一煮制

竹笋沙拉

ซุปหน่อไม้

sub nor mai

配料

- 1把竹笋，切成丝
- 1根小葱，切成葱花
- 1个红葱头，切成薄片
- 1茶匙辣椒粉
- 3汤匙青柠汁
- 1汤匙鱼露
- 1汤匙烤好并磨碎的糯米粉
- 1把薄荷叶和香菜叶

锅中倒入少量的水，煮沸。将竹笋丝放入沸水中焯约1分钟，过滤掉水，静置备用。

关火，加入葱花、红葱头片和辣椒粉拌匀。

再加入青柠汁、鱼露调味，最后用烤好的糯米粉、薄荷叶和香菜叶做点缀。

本食谱不推荐罐装竹笋，如果可以，建议使用新鲜竹笋，可以去附近的泰国超市询问店员。

中国城的再次发现之旅

我的导游Benz，是一位才华横溢、充满激情的泰国导游。她在一家名为“泰国寻味之旅”的公司（www.tasteofthai-landfoodtours.org）工作。Benz主要负责在曼谷周边组织美食之旅，为游客提供各种旅游路线，旅行社很乐意和她合作，她的性格和专业度也的确吸引了很多热爱美食的游客。

我跟随Benz的脚步，想要探索中国城的美食。她先带着我穿过繁华的三养市场（Sam Yan market）和拉玛四世路（Rama IV road）。夜幕降临，三养地铁站和曼谷火车站之间的人行道神奇地变成了一条美食街，这让我有点饿了。于是我们选中了一家餐馆，就近便坐下了。Benz并不是很饿，于是我们只点了一碗**蟹肉菜心云吞鸡蛋面**。吃饭的时候，Benz告诉我她热衷于烹饪美食并希望能成为一名厨师，这也是她为什么选择现在这份职业。晚饭过后，我们穿过曼谷车站，来到了唐人街。Benz非常喜爱吃甜食，她向我谈起如何在家制作**南瓜奶油蛋羹**。随后，我们驻足在一家著名的甜品店，她说这家店最出名的就是**珍多冰**了，她点了2份珍多冰，打包带走了。Benz和我说，这是她在当地最喜欢、也是最地道的甜品店之一。

羊年就要到了，整个唐人街都在热热闹闹地为中国新年做准备，男女老少都忙着在门口挂上大红灯笼，想要参与到这个重要的节日中。终于，我们逛到了神秘的美食天堂——唐人街。这是一个繁华的地方，也是一个不曾失去本心的地方。他们的食谱代代相传，时至今日还保持着本真的味道。在一个角落里，一个中国男人站在他的手推车旁，自豪地告诉我们，他在这个街角卖**猪脚饭**已经30年了。手推车里装着给食客们打包、外卖的菜品，这位中国男人告诉我们，他每天清晨就开始炖猪脚，一炖就是6小时，猪蹄的口感入口即化，味道很是独特，这大概就是他的招牌经久不衰的秘密吧。

早就听说过泰国粿条的大名，我问Benz哪个地方的粿条比较地道，于是她带我去了一家位于唐人街角落的餐厅。这家餐厅将猪肚切碎后煮熟，再加到**猪肉粿条**里，这家的制作手法虽与别家别无二样，却拥有最地道且无可复制的口感。Benz还点了一份**泰国椰奶糕**准备带回家。到了与这个奇妙的夜晚说“再见”的时候了，我由衷地祝愿也深信，有朝一日Benz一定能凭借她对于美食的热情，实现成为厨师的梦想。

蟹肉菜心云吞鸡蛋面

บะหมี่เกี๊ยวปู

Ba mee kaew pu

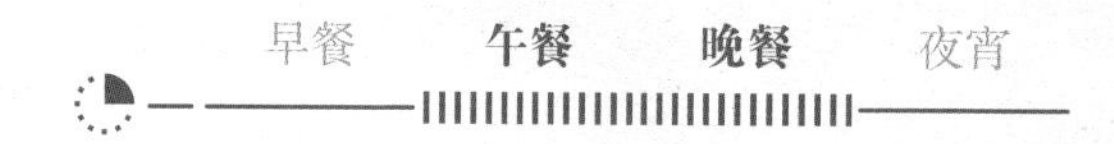

—煮制 —蒸制

配料

100克蟹肉（只限肉）
4棵菜心
300克干鸡蛋面
100克烤红猪肉（泰式烤红猪肉——详见第145页），切成片

酱汁配料

2茶匙芝麻油
3汤匙蚝油
2汤匙生抽
2汤匙老抽
2个香菇，切片
120毫升水
1汤匙面粉混合2汤匙水调制的水淀粉（可选）
½茶匙磨好的白胡椒粉
1撮盐
½茶匙砂糖

云吞配料

200克切碎的猪肉
2瓣蒜，切碎
1厘米生姜，切碎
1汤匙蚝油
1汤匙生抽
½茶匙磨好的白胡椒粉
½茶匙盐
20张馄饨皮
1个鸡蛋，轻轻打散

— 首先制作云吞。将切碎的猪肉、蒜末和生姜末混合，用蚝油、生抽、白胡椒粉和盐拌匀调味。取一张馄饨皮，放1茶匙猪肉馅在馄饨皮中间，将一些蛋液刷在馄饨皮的边缘，并将两边折叠，压紧，顶部拧一下打结，捏出合适的形状。重复上述动作，将剩下的馄饨皮和馅料用完。

— 然后制作酱汁，将芝麻油、耗油、生抽和老抽倒入平底锅，调至中火加热，加入香菇片和水。如有需要，可以加入水淀粉来增稠酱汁。然后加入盐、白胡椒粉和砂糖调味。接着将锅移开火源，静置待用。

— 在另一口锅里煮上水，待水烧至沸腾后放入馄饨，煮至馄饨熟透，捞出，滤掉水，静置备用。

— 将蟹肉放入蒸锅蒸熟，只需1～2分钟的时间即可。

— 将菜心放入沸水中焯熟，滤掉多余的水后静置备用。

— 将干鸡蛋面放入沸水中煮熟，滤掉多余的水后放入碗中。最后，在碗中加入准备好的调味料，摆上云吞、蟹肉和烤红猪肉，即可食用。

早餐 **午餐** **晚餐** 夜宵

一蒸制

南瓜奶油蛋羹

สังขยาฟักทอง

Sang khaya phak tong

“Sang khaya”在泰语俚语中表示“脏”的意思，这里代指在这美味的甜品中有棕色的馅。

配料

1个日本小南瓜

8个鸡蛋，轻轻打散

16汤匙椰奶

8汤匙椰糖

1撮盐

4片香兰叶，切碎

- 将南瓜洗净。
- 用锋利的刀，去除南瓜的顶部，这样就能得到一个南瓜盖子。
- 挖净所有的南瓜子。
- 将鸡蛋液与椰奶混合，加入椰糖和盐，搅拌直至椰糖完全溶解。加入切碎的香兰叶。
- 将调好的混合物倒入南瓜中。
- 将南瓜放入蒸屉中，根据南瓜的大小，蒸制30～40分钟。
- 取出南瓜，冷却至室温后，将南瓜切开就可以食用了。

早餐 午餐 晚餐 夜宵

煮制

珍多冰（椰汁红豆仙草条）

ลอดช่องสิงคโปร์

lod chung Singapore

无论您是在新加坡、槟城（位于马来西亚）还是曼谷，您都可以在大街小巷随处找到这种香甜清爽又提神的小吃。

配料

230克仙草条

125克椰糖

1汤匙砂糖

180毫升碎冰水

适量冰，压碎

750毫升浓稠椰奶，混合4汤匙砂糖

- 先用冷水清洗仙草条，沥干后静置待用。
- 将椰糖和砂糖放入碗中，加入热水，融化成浓稠的酱汁后，静置待用。
- 将碎冰放入碗中，加入2汤匙仙草条和2汤匙准备好的糖浆。
- 最后，倒入4汤匙加了砂糖的椰奶，即可食用。

Food Safety

泰式猪脚饭

ข้าวขาหมู

khao kha moo

猪脚饭看上去可能未必让人垂涎欲滴，但只要尝上一口鲜嫩多汁的猪蹄，就会立刻让您唇齿留香。

猪脚配料

2茶匙黑胡椒粒
1茶匙盐
6瓣蒜，切碎
4簇香菜根，用刀刮去污渍，切碎
2汤匙植物油
4汤匙椰糖
1汤匙水
1000克猪脚，去毛洗净
足量覆盖食材的水
1茶匙老抽
4汤匙生抽
1个肉豆蔻
3瓣丁香
3个八角茴香
4厘米长的肉桂棒
½茶匙五香粉
4个鸡蛋，煮熟并剥壳

酱料配料

适量辣椒
1簇香菜根，用刀刮去污渍，切碎
2瓣蒜，切碎
½茶匙盐
2汤匙醋

用木槌将黑胡椒粒碾碎成粉状，再加入盐、香菜根碎和蒜末，捣成细腻、带有香气的糊状。接着在锅中加入油后中火烧热，随后将糊状物倒入锅中炒出香味。再加入椰糖，改小火，不停搅拌直至糖完全融化，注意不要烧糊，加入1汤匙水后持续搅拌。用叉子将猪脚扎几个洞，然后将其放入锅中，确保它完全被酱汁覆盖。

如果锅不够大，可将所有食材转移到另一个大锅中，加水覆盖住所有食材，改为中火，加入生抽、肉豆蔻、丁香、八角茴香、肉桂棒、五香粉和煮熟的鸡蛋，盖上盖子焖煮。煮沸后将浮沫撇去，继续用小火煮2～3小时，其间要经常搅拌，能让肉更加入味。

在此期间，您可以准备酱料，用木槌将辣椒、香菜根碎、蒜末和盐捣碎，倒入醋搅拌，静置待用。待猪脚煮熟后将猪脚切条，盖在米饭上，将鸡蛋切成¼大小，放在米饭旁边。配上新鲜的蔬菜和调好的小碗酱汁，即可食用。

可以搭配炒时蔬（例如清炒西兰花、清炒菠菜、清炒小白菜等）和米饭来食用。

每家饭店都有自家的猪脚饭秘方，并代代相传。猪脚饭一般配有1份生蒜和小辣椒，每吃一口都加一点点生蒜和小辣椒末用于解腻。泰国人通常喜欢吃肥肉，因为肥肉通常被认为是最好的肉。如果他们对您很热情，会给您更多的肥肉，但如果您不喜欢吃肥肉，您可以说“kho mai sai man ka/krap”，意思就是“我不想要肥肉”。

泰式猪肉粿条

ก๋วยจั๊บน้ำใส

kuay chap nam sai

粿条是一种宽扁的米粉，煮熟后会卷成管状，和意大利面或通心粉很类似。

配料

½茶匙切碎的香菜根
½茶匙切碎的鲜姜
1茶匙白胡椒粒
¼茶匙粗海盐
2瓣蒜，切成大块
1汤匙植物油
1升猪骨汤
1个烤好的八角茴香
1茶匙烤好的香菜籽
½茶匙烤好的孜然籽
1根烤好的丁香
1根烤好的肉桂棒
½茶匙中国五香粉
2汤匙生抽
1汤匙老抽
1茶匙砂糖
200克宽粿条面
100克脆猪肚切成1厘米宽，3厘米长的块状（详见第146页“脆皮猪肉”的做法）
2根小葱，切成葱花
1把香菜叶
½茶匙炒好的大蒜
½茶匙研磨好的白胡椒粉

- 用木槌将香菜根碎、生姜末、白胡椒粒、盐和大蒜块捣碎，研磨成光滑的糊状，随后放入锅中用热油炒1分钟。
- 在锅中加入猪骨汤，煮沸。将八角茴香、香菜籽、小茴香籽、丁香和肉桂棒放入香料袋，置于煮沸的高汤中，熬制一会儿（不超过15分钟），可以加入五香粉、生抽、老抽和砂糖将高汤调味。
- 将粿条放入沸水中煮熟，沥干水再放入盘中。将事先准备好的猪肚均匀地码放在粿条上面，倒上调好味的高汤，最后撒上葱花、香菜叶、炒好的大蒜和白胡椒粉调味、装饰。

猪肉粿汁里通常加入一些猪内脏，比如猪肺、猪肠、猪肝或猪肚等等。尽管口感有一点儿冒险，这道食谱用的是脆脆的烤猪肚（moo khrob）因而更美味。

除此之外，高汤还有两种版本：更加清淡的版本和更加浓郁的版本。高汤的颜色之所以不同，是因为加进去的猪内脏煎炸的程度不同。

泰国椰奶糕

ขนมถ้วยตะไล

Khanom tuay

这个甜品有两个版本，白色的是加了椰奶，绿色的是加了香兰提取液，您可以做成千层糕，这样可以一层白一层绿，会更加美观。

配料

60克大米粉
20克木薯粉
200毫升椰奶
150克砂糖
1茶匙香兰提取液

- 将大米粉和木薯粉混合，搅拌的同时慢慢地倒入椰奶，接着加入准备好的砂糖和香兰提取液，搅拌均匀，静置30分钟。
- 将面糊倒入制作椰奶糕的模子中，配料的分量按照可以制作大约10个椰奶糕来准备。将模子轻轻地放入蒸锅中，小火蒸制大约10分钟。
- 椰奶糕佐以焦糖，滋味更佳。焦糖可自制，将75克砂糖在平底锅里慢慢加热融化，然后加入100毫升热水，小火熬制15分钟，糖汁变成金黄色即可关火，焦糖就制作好了。

现代化的曼谷

如果需要在泰国远途旅行，火车是仅次于飞机的最舒适也最安全的交通工具。华喃峰火车站（Hualamphong）位于唐人街西北角，车站的设计属于装饰派艺术风格，漂亮别致，与附近一尘不染的现代化地铁形成鲜明的对比。曼谷是一个充满着这种对比的城市，独具匠心的不协调恰恰增加了这个国际都市的魅力和氛围。您可以花费4000泰铢在摩天大楼的64层（莲花圆顶餐厅）享用美食，而几个小时后，您又可以只花20泰铢，坐在光线昏暗的小巷里的塑料椅子上，享受同样美味的食物。

我一直对火车站、汽车站和机场有着浓厚的兴趣。人们在这些地点来来往往，或是前往新的目的地，抑或刚刚结束一段充满冒险的旅程，那种熙熙攘攘的氛围以及不断变化的状态，常常令我心驰神往。在涌动的人潮中，您常常还能发现很多小贩利用得天独厚的优势，设立摊位，出售便宜的小吃——**油炸香蕉**，**泰式蒸红咖喱鱼饼**，**泰式香肠**或**烤香蕉**。

我叫了一辆摩的带我去胜利纪念碑（Victory Monument），在这里您可以乘坐迷你巴士前往泰国北部，但今天我选乘的是曼谷空铁，空铁同样能很快地抵达曼谷新城的中心。在纪念碑周围以及附近的街道上，有大量小贩出售各类街头小吃，上班族可以在等车时买来当早餐。由于是午餐时间，我便前往纪念碑的东北角，花了10泰铢买了一份**泰式牛肉河粉**。在通往空铁入口的楼梯附近，有一位女商贩正在卖**蕉叶烤糯米**，她十分友好，微笑着问我要不要免费试吃，并递给我一份，明显这份是刚出炉不久，还是热的。

dtac

早餐 午餐 晚餐 夜宵

—炸制

油炸香蕉

กล้วยทอด

kluay thod

这种馅料式的小吃几乎在每个火车站和汽车站都有售，常常也能看到有油炸南瓜。

配料

6个小的甜香蕉
200克米粉
200克面粉
1茶匙小苏打
200毫升水
100毫升椰奶
½茶匙盐
50克芝麻
3汤匙砂糖
50克椰浆
炸制用油

将香蕉剥皮，纵向切成四片，然后将除炸制用油以外的其他原料混合成面糊。将香蕉片裹上面糊，放入油中炸至金黄色，捞出后即可食用。

泰式蒸红咖喱鱼饼

ห่อหมกปลา

ha mok pla

这是一种用很奇特的方法制作的鱼饼。

鱼饼配料

1片大香蕉叶，在火上烘烤或过一下沸水，使其变软
15片泰国罗勒叶
175克白鱼片，切碎
2汤匙红咖喱酱
2汤匙浓椰子奶油
3片泰国青柠叶，切碎
1汤匙鱼露
1个鸡蛋，轻轻打散

装饰配料

1个大的红辣椒，去籽，切成条状
1片泰国青柠叶，切碎
几片泰国罗勒叶
2汤匙浓椰子奶油

首先，将香蕉叶做成4个杯子。每个杯子都需要2片12.5厘米×12.5厘米的正方形的香蕉叶，然后用直径10厘米的玻璃杯或碗作为模具，利用它切出2片圆形香蕉叶，并将它们叠放在一起，使叶子的梗形成一个十字形。在梗与梗之间捏出4个等距的褶——1厘米宽，4厘米长（折法先上后下，先右后左），所有的褶都指向圆的中心，用钉书钉或木制牙签固定，得到的杯子应该是方形。在杯里放少许罗勒叶，静置备用。

将鱼肉放入碗中，加入咖喱酱、椰子奶油、泰国青柠叶碎和鱼露，拌匀后，加入打好的鸡蛋搅拌均匀。

将混好的原料放入杯中，不要超过杯子容量的⅔。

最后蒸20分钟，蒸熟后，加入辣椒条、泰国青柠叶碎、罗勒叶和一点椰子奶油，大功告成！

泰式香肠

ไส้กรอก

sai krok

配料

- 500克猪肉末
- 100克糯米饭（可选）
- 5个香菜根，切碎
- 6瓣蒜，切碎
- 1汤匙盐
- 1汤匙鱼露
- 1汤匙砂糖
- 肠衣
- 仔姜，切成丁
- 辣椒，切成圆环
- 烤花生
- 卷心生菜

- 将糯米蒸20分钟直至熟透，静置放凉。
- 将香菜根碎、蒜末和盐在研钵中捣成糊状，然后加入糯米和猪肉末拌匀，再拌入鱼露和砂糖调味。将混合好的食材填入肠衣内，打结，每根香肠长度约7厘米。
- 在木炭上将香肠烤制约7分钟。
- 在烤制过程中请经常翻面，以确保受热均匀。
- 烤好以后可以切成小段，配上一些仔姜丁、1（小）片辣椒、一些花生和一些卷心生菜，即可食用。

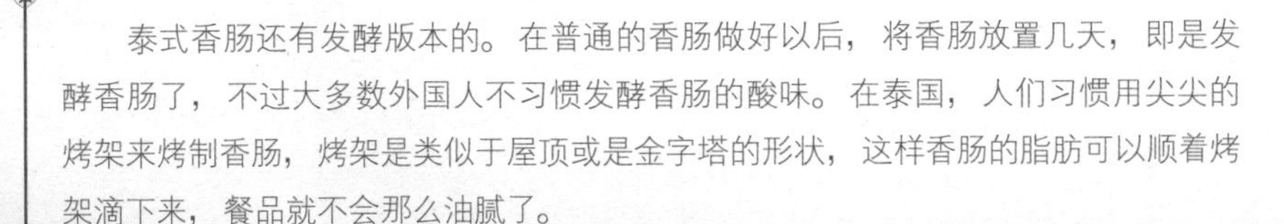

泰式香肠还有发酵版本的。在普通的香肠做好以后，将香肠放置几天，即是发酵香肠了，不过大多数外国人不习惯发酵香肠的酸味。在泰国，人们习惯用尖尖的烤架来烤制香肠，烤架是类似于屋顶或是金字塔的形状，这样香肠的脂肪可以顺着烤架滴下来，餐品就不会那么油腻了。

Happy

— 煮制

泰式牛肉河粉

ก๋วยเตี๋ยวเนื้อ

kuaytiaw naam nuea

在泰国，汤河粉是随处可见的食物，一天中任何时间都可以吃。您要是想试试不带汤的河粉，也可以尝试一下炒河粉。

高汤配料

1000克牛骨头
1整只牛小腿
1小撮盐
1小撮砂糖
足量的水
12颗黑胡椒粒，压成粉
2汤匙老抽
1片桂皮
2簇香菜根，用刀刮去污渍，切碎
1把香菜茎
1个八角茴香
3瓣蒜
1块高良姜，切成薄片
1根柠檬草，切碎
2根芹菜梗，切成段
1个洋葱，切成4块

牛肉丸配料

100克瘦牛肉，剁碎
1大撮盐
1大撮白胡椒粉

炒蒜

60毫升花生油
6瓣蒜，切碎，爆香

摆盘

200克河粉，在温水中浸泡30分钟
50克牛臀肉，切成薄片
1把黄豆芽
1根葱切碎，用于装饰
少量香菜叶用于装饰

将所有高汤配料放入锅中，煮沸后调至小火，盖上盖子，煨3～4小时，其间撇去浮沫。煨好后捞出牛小腿，将牛小腿上的肉剔下，切片。捞出其他配料留下纯汤，将剔好切片的牛小腿肉再次放入汤中。如果您有时间并想要去除汤中所有多余的油脂，可以将汤放入冰箱冷却，油脂会硬化，很容易去除。

接下来做牛肉丸。将碎牛肉、盐和白胡椒粉混合，捏成小球备用。用油将蒜炒至金黄色备用。将高汤重新煮沸。同时再煮一大锅水，将肉丸煮熟，黄豆芽和河粉焯水，准备装碗。

金属丝网勺很方便实用，可以很容易地将配料捞出。您可以将生的牛臀肉片放入碗中，也可以先稍微用水焯一下。将泡好的河粉、黄豆芽和牛臀肉片放入碗中，加入一些肉丸、一些之前剔好切片的牛小腿肉，然后倒入热汤。用葱、香菜叶装饰，淋上备好的蒜油，即可食用。

在泰国，常见的面条有两种：米粉和鸡蛋面。鸡蛋面很容易识别，因为它们的颜色是黄色的，而米粉是白色的。常见的面条有三种尺寸，至少在大部分食品摊位都有三种。“Sen yai”是宽面条，“sen lek”是薄面条，“sen mii”是非常薄的面条或米粉。

有意思的是，当泰国人说一个人是“sen yai”时，这意味着他或她是一个VIP，是非常重要的人。

像许多泰国菜一样，面条可以有无穷无尽的变化。您可以使用鸡汤或蔬菜汤，有时甚至是鸭肉汤。食材的搭配也是根据您的喜好来选择，您可以使用鱼丸、红烧肉、馄饨和鸡胸肉等。

蕉叶烤糯米

ข้าวเหนียวปิ้ง

khao niaw ping

这道餐品的馅料可以是香蕉、芋头、绿豆、黑豆或椰丝。如果您不想要吃到“惊喜”，可以说“sai arai khrap / ka”，明确说明您想要什么馅的，这句泰语字面意思就是“什么馅的”。

配料

1片大香蕉叶

200克糯米，在冷水中浸泡一夜或在温水浸泡至少3小时

木签或竹签在水中浸泡至少30分钟

- 事先把香蕉叶放在火焰上烘烤，使其变软，并使叶子呈现漂亮的深绿色，或者可以简单用开水烫一下香蕉叶，也可以获得相同的效果。将叶子切成10厘米 × 5厘米大小的长方形。
- 将两个长方形上下叠放成T形。将糯米蒸约15分钟后静置放凉，然后分成几小部分。
- 将一部分糯米放在香蕉叶上，折叠边缘并捏紧实，用木签或竹签固定住边缘及封口。
- 用木炭烤6分钟，注意翻面。

如今人们比较少用香蕉叶包裹食物。这是少数几种没有弃用香蕉叶的菜肴之一，也许是因为香蕉叶在烤制过程中散发出的独特的香味。蕉叶烤糯米经常作为旅途餐点，或作为一种午餐小吃。

空铁之旅

今天下午我和我的老朋友Yves约好，一起探索街头小吃，所以我在自动售票机上买了一张空铁票，向北坐了几站，来到了车水马龙的恰图恰周末集市。我与Yves计划在安多哥生鲜市场见面。Yves在河内生活了多年，我和他曾一起探索过几个大洲的多座城市，品尝过各具特色的街头美食。在安多哥生鲜市场（the Oto Kor market），我们能找到最优质的食材，这里是中产阶级购买高级水果蔬菜的地方。为了庆祝重聚，我们买了一种用叶子包裹的小吃**面康**，这为我们的味蕾来了一次完美的热身。

之后我们又登上空铁，准备出发前往七隆站（Chitlom），在那里与另一位泰国朋友Khun Tripathi碰头。Khun Tripathi是一名极具社会责任感的记者，他为包括泰国国家报（The Nation，泰国最重要的英语报纸之一）在内的多家报社工作。我们此行最终目的地是素坤逸路38号夜市。下午五点之后，这条路开始华丽变身成为一个氛围浓厚的小吃街，一切都在为夜晚的来临做准备。一个摊位的炭火上准备着**泰式盐烤海鱼**，而对面摊位的老板正在给**大虾炒面**加上最后的点缀，餐如其名，这是一种带虾肉的炒面。Daniel Thangier的摊位以卖美味的汉堡包闻名，这个时间点，他正在他的餐车旁边摆放白色的塑料桌子。这辆餐车很现代化，看起来就和纽约街头的一样。店员们忙里忙外，为外国游客和泰国本地人提供着服务，十分热情友好。忙碌的夜晚才刚刚开始，小贩们会在炒锅和烤架旁如火如荼地忙到深夜。

Khun Tripathi和我说，他很替以小吃摊为营生的人担忧，他说泰国街头小吃其实已经产业化，越来越多的摊位出售的都是工厂生产的速冻食品，所以并非所有东西都像你想象的那样新鲜，也并非每个卖街头小吃的摊主从原料到烹制的全过程都是自己制作的。他还谈到了捕鱼业和食品加工行业对外来工人的剥削。不过令人开心的是，我也了解到有许多普通民众能够靠街头食品业挣钱谋生，当顾客享受他们出售的食物时，他们十分得意，我相信这种情感很多厨师都能体会。

然后我们再次踏上空铁，在暹罗站（SIAM BTS）换乘了朝沙潘塔克辛站（Saphan Taksin）方向行驶的列车。我们被邀请与Tom Vitayakul会面，他是泰国艺术品鉴赏家和资助人，并且在是隆区经营着一家美食餐厅。餐厅坐落于一个传统的泰式木制建筑内，这种类型的建筑现今已很罕见。餐厅充满泰国元素，在餐厅的窗边似乎可以俯瞰曼谷的全景：一座传统的泰国建筑与一座现代摩天大楼比肩而立。Tom Vitayakul给我们的计划提供了很多有趣的建议，长聊之后，我和Yves再次踏上我们的美食探索之旅。在前往我们旅程的下一站，也就是最具韵味的修道院路之前，我们选择在鲁比尼公园（Lumphini Park）休息并吃点东西，我们点了**泰式黄咖喱炒蟹**。前往修道院路的过程虽然有点曲折，但一切都很值得，因为我们要在那里品尝**泰式肉汁焖鹅**。我之前从来没有吃过鹅肉，一经品尝后我惊喜地发现鹅肉的口感非常柔软细腻。再坐一段空铁之后，我们在沙潘塔克辛大桥站（Saphan Taksin Bridge）下车，继续当天的美食狂欢，我们吃得很撑，腆着肚子漫步来到了石龙军路（Charoeng Krung）。

靠近石龙军路的香料店，有一家我经常光顾的穆斯林餐厅，来这里吃饭，我最常点的是印度煎饼和**泰式牛尾汤**。但我们今天来到了罗宾逊购物中心（Robinson Shopping Complex）对面的街道，准备尝尝**猪肉酱汁炒米粉**。想到这里，我都情不自禁地感叹，我们一天怎么能吃下这么多？

与此同时，Yves带我领略了这个城市里最新式、现今最流行的美食。他向我描述了现代美食车的景象以及最近非常火的农夫市场和有机市场，还有几个月前他搬去的阿里区。如今在曼谷，住得离空铁站或地铁站很近绝对是一种便利。尽管交通工具有了极大改善，但这里的城市交通状况却仍旧是彻头彻尾的灾难，想要到达某一个地方，总是要花费上很长的时间。逛了一番以后，我们又饿了，所以我们回到空铁上，准备前往阿里。阿里区是一片非常摩登的街区，到处都是小吃摊位，特别是在工作日，这里熙熙攘攘，人流不息。Yves执意要带我去Summer Street喝一杯，Summer Street是由一些很有想法和激情的创业者设计的街头美食新概念。它利用停车场的一部分区域，只需撑起几片防水布用来防雨，在桌子上架起烤架，下面放入木炭，当地的厨师便在上面烤制最新鲜的海鲜。Yves还让我品尝了一些本地酿造的啤酒。本地酿酒商加上国际感的新式街头小吃的概念，二者的结合使这个街区成为亚洲时髦的代表！

当晚，Yves和他的女朋友翠茜（Tracey）让我留宿了一夜。第二天，出于好奇，外加可以获得免费赠品的机会，我们去了通罗区（Thong Lo district）的一个有机市场，这里因其大大小小的日料餐厅而闻名。我惊讶于这个菜市场的国际化程度，也非常高兴地看到这里有这么多人真正对有机食品感兴趣并乐于购买。与纽约或伦敦的其他食品理念相比，这个市场当然极具自己的特色。欢迎大家到现代的曼谷体验一番！

SUMMER STREET
SUMMER STREET
SUMMER STREET
OPEN
DRINKS
SEAFOO
SD JAPAN

混合烹饪

泰国面康

เมี่ยงคำ

miang kam

泰国面康是泰国美食的典范，不同的口味完美平衡，然后融为一体。

糊配料

4块烤好的高良姜
1大撮盐
2个小的红辣椒
½茶匙烤好的虾酱
1汤匙干虾米，磨碎
3汤匙烤好且磨碎的椰肉
1汤匙烤好且磨碎的花生

酱汁配料

5汤匙椰糖
75毫升水
4汤匙鱼露
3汤匙罗望子汁

装饰配料

16片槟榔叶
或嫩的菠菜叶
1汤匙切碎的青柠
2汤匙磨碎的椰肉，烤熟
2汤匙烤花生
1汤匙切碎的仔姜
2汤匙烤好的干虾米
2汤匙青葱花
1～3个小红辣椒，切成圈状

首先制作糊。需将配料逐一加入研钵中捣碎研磨，直至变成细腻的糊状。

接下来制作酱汁。将椰糖放入水中，置于锅中加热，当椰糖溶解后，再小火慢煮几分钟直至变稠。然后加入鱼露，拌入制作好的糊，再煮几分钟，这时可以闻到高良姜的香味。接着加入罗望子汁，将火调小，继续再煮几分钟。关火放凉，即可静置备用。

如何食用：首先将槟榔叶或菠菜叶放在盘子中间，并在周围放上少量的青柠碎、椰肉碎、花生、姜末、虾、葱花和辣椒圈。每位顾客都可以取1片叶子，像叠小信封一样将叶子叠起来，根据个人口味加入配菜，然后蘸上一些酱汁，合上叶子，一口吃下去。重点在于不要将它咬成两半，而是整个吃进嘴里。这样才能保证一次能体验多种层次的味觉。

您还可以用柚子、新鲜牡蛎或贻贝当作馅料，作为替换的选择。

在曼谷的街头，到处都可以找到这种预先包装好的小吃，通常所有食材都用小塑料袋分开包好。

泰式盐烤海鱼

ปลาเผา

pla pao

做法非常简单，菜品遵循“少即是多”的理念。

配料

1条海鲈鱼
4根柠檬草茎
250克粗海盐

- 首先将海鲈鱼清洗干净（刮鳞、取出内脏并水洗干净），用厨房纸将鱼身内外的水擦干。
- 切掉柠檬草最下面的坚硬部分，用刀子刮其表面，使之变得粗糙，以便更好地散发香味。
- 将处理好的柠檬草的茎秆从鱼的口中放入，这就像一种草做成的烤肉签。用盐抹匀鱼的内外两面。在木炭上将鱼烤制15～20分钟，定期翻动直至烤熟。

可以搭配海鲜辣酱食用（详见第206页）。柠檬草是一种非常棒的食材，它为鱼增添了独特的鲜味。

泰式黄咖喱炒蟹

ปูผัดผงกะหรี่

poo phat pong kari

“Pak chee roi na”是一句众所周知的泰国谚语，字面意思是“点缀上香菜”。这里意指被用来掩盖事实，或者是表达事情看起来比实际更好。

配料

250克新鲜蟹肉
2汤匙植物油
1个洋葱，切成圆环
1瓣蒜，切碎
1颗鸡蛋，打散
2汤匙黄咖喱粉
2汤匙酱油
1汤匙鱼露
¼茶匙砂糖
2根芹菜，切成段
1把香菜叶

用中高火热锅，加入油烧热后，加洋葱圈和蒜末，翻炒几秒钟，然后加入打好的鸡蛋，炒熟。锅中再加入咖喱粉和蟹肉，将蟹肉炒熟，接着放酱油、鱼露和砂糖，搅拌均匀。最后，加入芹菜段，翻炒几下，出锅装盘时，点缀新鲜的香菜叶。

泰式肉汁焖鹅

ห่านพะโล้

harn pra loh

这道菜品来自中国，红烧鹅肉或鸭肉通常会搭配米饭一起吃。

配料

1只3000克左右的鹅
3汤匙植物油，用于煎炸
2瓣蒜，压碎
1升鸡汤
750毫升老抽
250毫升生抽
250毫升绍兴黄酒
50克砂糖
¼茶匙盐
5颗八角
2根肉桂
1汤匙茴香种子
½茶匙孜然粉
少量香菜叶子用作配菜

将鹅切成两半。在大锅中加入2汤匙油，用中高火加热。将每一半分别在锅中煎炸，直到鹅肉变成鲜亮的褐色，然后从锅中捞出，静置备用。

在锅中另加1汤匙油，放入蒜末，炒2分钟，然后倒入鸡汤，煮沸。随后加入生抽、老抽、绍兴黄酒、砂糖和其他香料，然后再煮沸。将煎炸好的鹅放入锅中，如有必要可适量添加一些水，使之足以完全漫过鹅身。用小火慢炖2小时或炖到肉变软为止。

然后将鹅从酱汁中捞出，把肉从骨头上剔下，切成片，放在盘子上，浇上少量炖鹅的原汤酱汁。最后，放上少许香菜叶装饰，配上米饭和辣椒蘸酱即可食用。

烹制这道菜，如果您没有鹅肉，也可以用鸭肉替代。

—煮制

泰式牛尾汤

ซุปเนื้อวัว

soup hang wua

牛尾常常是一块被忽视的肉，但其实它的味道十分丰富！这道餐品的配料中使用了大量干香料，隐约透露了这道菜是起源于中东的。

配料

2汤匙植物油
1200克牛尾，大概5～6根，去除掉大部分脂肪
1.5升水或足以覆盖牛尾的水量
½茶匙孜然籽
1茶匙香菜籽
1根肉桂
1茶匙茴香籽
4枚绿豆蔻荚
1茶匙姜黄粉
1茶匙姜粉
1茶匙白胡椒粉
1茶匙辣椒粉
½茶匙盐
1个洋葱，切成半圈
2个中等大小的土豆，切成2厘米见方的小块
4个西红柿，切碎
2根香葱，切成圈
1把香菜叶
1汤匙炸洋葱
青柠汁，可依据个人口味选择

- 在一口大锅中放入油，用中高火加热。将整个牛尾炸成鲜亮的褐色后，锅中加入足以覆盖食材的水，慢慢煮沸。然后将火调小，将孜然籽、香菜籽、茴香籽和绿豆蔻荚放入香料袋，投入锅中，浸煮15分钟后捞出，整个慢炖过程至少1小时。
- 将剩余的干香料放入锅中，调味，将切碎的洋葱和土豆加入锅中煮10分钟，然后加入西红柿继续煮10分钟。
- 将汤盛入碗中，并放上葱花、香菜叶、炸洋葱和青柠汁。
- 本餐品推荐与米饭一起食用。

一炒制

猪肉酱汁炒米粉

ก๋วยเตี๋ยวราดหน้าใส่หมู

kuaytiaw raat na sai moo

配料

4汤匙植物油
1把宽米粉，泡发后并沥干
2汤匙甜酱油
2瓣蒜，切碎
100克猪肉，切成条状
1颗西兰花，对角切开
8汤匙鸡汤或水
1茶匙黄豆酱
2汤匙老抽
1汤匙生抽
1汤匙木薯粉

- 先在锅中放入2汤匙油，中火加热，然后放入米粉，用甜酱油炒2分钟，盛出，静置备用。
- 用小火加热剩余的油，将蒜末炒至金黄色，改大火加入猪肉条翻炒。
- 翻炒直至猪肉条变色后，加入西兰花继续翻炒。接着加入鸡汤或水、黄豆酱、老抽、生抽炒匀，再加入木薯粉搅拌，让酱汁变得像肉汁一样浓稠。最后加入米粉翻炒几下收汁，拌匀后即可食用。

แกรนด์แสนยอด

三帕莱区

该地区是一片宁静的绿洲，悠远安详，感觉距离繁忙的都市似乎相隔千里，时间仿佛在这里静止。在那些年代久远的中国商店里，有些传统餐馆仍在营业，有些已经开设了50年之久。王子居住的宫殿富丽堂皇，在日光中投下一片阴影，这些餐馆隐没其间，始终如一地提供着优质的服务，好像它们本就该如此似的。三帕莱区覆盖三条街道，分别以前任王子（Phraeng Nara，Phraeng Phuton，Phraeng Salpasart）的名字来命名。

地处曼谷已历经百年的Chote Chitr 符合所有对于“苍蝇馆子”的描述，多年来，Chote Chitr一直受到美食爱好者的青睐，我常常来这里参观。这里是传统泰国美食的栖身之所。咖啡厅位于打恼路（Tanao Road）旁的一条小街上，环境安静宜人。按照惯例，我点了**脆面条**，搭配上酸酸的水果和**香蕉花鸡肉沙拉**，简直称得上美味至极！

90多年前，泰国传统医学博士Khun Chote创立了Chote Chitr。Chote Chitr本是一家药草店，但因为他的妻子以前在宫殿的厨房工作，又善于将草药和香料巧妙地运用到餐食中，因此Chote Chitr才开始转型成为餐厅，为顾客提供膳食。他们最近新推出了一款营养丰富的**泰式蔬菜汤**，汤中加入了蔬菜和草药，并用黑胡椒调味。据我的好朋友Pi Toon说，在传统意义上，这种营养丰富的汤是为哺乳的母亲而提供的，因此很少在餐厅看到，可以说是比较新奇的食谱。曼谷玛希隆大学（Mahidol University）营养研究所最近的研究表明，多喝泰式蔬菜汤可以帮助预防结肠癌，进一步的研究项目还在继续，其具体的健康价值还有待考证。

我上次来这里寻找这家餐馆的时候，不巧当时关门了，您可以想象到我是多么失望。因此这次来的时候，我提前做了功课，调查了他们现在每周开放哪几天。这次的拜访中，我了解到，餐厅老板退休后，谁来接管生意还是一个未知数。

在打恼路的拐角处，有一处名为“Kao Niaw Korpanich”的地方，是一家卖**泰国芒果椰子糯米饭**的老店，这家店在此处销售这道美味佳肴已经有75年了。制作秘诀很简单：只使用最好的食材，并用对美食最纯粹的爱，来为客人准备佳肴。

泰国的芒果十分出名，那么如何辨识好的芒果摊呢？很简单，只要看到各式各样品种的芒果依次排开，您就知道自己是找对地方了。最贵的是橡木错芒果，甜美多汁，还有水仙芒果，它比起橡木错芒果汁液略少，果肉更紧实，不过也很甜。还有汤坝芒果，相比前两种口感上尝起来酸一些。

在打恼路上，有一家很有名的小店，叫“Khanom Buang Phraeng Nara”。从拉查达蒙大道（Ratchadamnoen Road）上看过去，小店在路的右手边，规模不大，低调简朴，主打酥脆的椰蓉**泰式煎饼**，其馅料有甜有咸，制作用心又精细。店主曾经在泰国铁路公司工作，现在专职做泰式煎饼。他对待这份工作有着十二分的热情，他家的小吃不仅提供给当地人，还向国外出口，且经销范围远超亚洲。我就这样肆无忌惮地在三帕莱区闲逛，想要找到有趣的新地方。走着走着，我看到一个和尚坐在遮阳伞下，吃着冰激凌，很是有意思。在经过一幢老房子时，我又遇到了类似的场景，房子墙上挂着的菜单上有**椰子沙冰**和**芒果冰激凌**。古老的壁挂式通风口吹着闷热的风，其中一位客户向我保证，这是曼谷最好吃的冰激凌，他寻寻觅觅间发现了这家店，自那以后，他每周都会专程来个两三次，就是为了能买到这里美味的沙冰和冰激凌。稍远一点儿的街上还有一家店，一直以来售卖自制的各种**泰式烤红猪肉**和**脆皮猪肉**。米饭配上酥脆的烤猪肉，再浇上浓浓的肉汁，是不容错过的经典美味。

后来，我遇到一个卖面条的男人，看上去他只是熟练地用长筷子煮面条，但其实他做的餐品很是“大胆”，因为他做的不只是普通的面条，而是加了猪脑的汤面。这种烹饪新鲜大胆，但就我个人而言，我并不喜欢内脏类的餐品。

khao gaeng餐厅是一家在曼谷很具有代表性的餐厅。餐厅主打街头小吃自助餐，用各种各样的新鲜食材现场烹制而成。我最喜欢的是**虾酱炒饭**。虾酱的浓烈气味不会掩盖菜色，反而提升了佳肴的香味，浓郁诱人。接下来我打算前往三帕莱区另一边的khao keng餐厅吃午餐，那家是我最喜欢的餐厅，从餐厅里向外望去可以欣赏到皇宫和军事学院的美景。餐厅主人热情好客，为我解释了每道菜包含的食材。但是，我们这趟来得有些迟了，午饭时间过去了挺久才到达，餐厅里已经没剩太多食材了。“今天晚上会再来一波新鲜的菜肴呢！”餐厅主人友好地向我喊道。我点了一些**泰式炸鸡**和**酸辣泰国鲭鱼**作为开胃小菜。

我喜欢这个地方，这里的生活节奏安静而缓慢，我可以坐在Thanon Tanao路角落的咖啡店，花一整天时间读书，这里宁静的氛围勾起了我早先在此地游览的美好回忆。

对刚来这里游览的客人来说，挂在每个传统餐厅的描述板很实用，这样的话，游客很容易就能了解街头食品，还能知道其历史演变。全新的自行车道沿着打恼路不断延伸，在曼谷，这可是一个全新的设施规划呢，可见在曼谷的交通基础设施建设方面，政府正在积极开发着更加绿色环保的设计方案。

—炸制

泰式脆面条

หมี่กรอบ

mee khrob

油炸米粉上会覆盖着厚厚的甜味酱料，其制作方法也是多种多样。

面条配料

100克干细米粉
1个鸡蛋，轻轻打散
1把豆芽
1个大的红辣椒，切成细丝
1把韭菜，切碎
1把香菜叶
炸制用油
1汤匙橙皮，磨碎

酱料配料

2簇香菜根，用刀刮去污渍，切碎
4瓣蒜
10颗白胡椒
少许盐
2汤匙植物油
200毫升黄豆酱
200克砂糖
2个鸡蛋，轻轻打散
100毫升柠檬汁
3汤匙橙汁

- 将干细米粉浸泡在水中，10分钟后捞出，沥干水，倒入打好的鸡蛋液，将米粉与蛋液搅拌均匀，放置至少2小时，最好能静置过夜。
- 将香菜根碎、大蒜、白胡椒、盐混合均匀捣碎。然后将该酱料放入锅中，小火炒至金黄色，加入黄豆酱和砂糖。待砂糖溶解后，加入鸡蛋液继续搅拌。小火慢煮至酱料变得浓稠，加入柠檬汁和橙汁，继续煮上几秒钟，关火。静置冷却备用。
- 将锅中的油加热，由中火慢慢调到大火，分几批开始炸米粉。米粉放入油中会膨胀，颜色也会改变，用漏勺搅拌并捞出米粉。
- 将炸好的米粉放置于厨房用纸之上，沥干多余油分。小火重新加热酱汁，再放入香脆的米粉，轻轻搅拌确保米粉均匀地裹上酱汁，最后加入豆芽、辣椒、韭菜和磨碎的橙皮，并将其混合，即可食用。

在泰国，有一种被称为“som sa”的水果，尝起来苦中略微带着丝丝甜意，人们通常用它来取汁做菜。当然有些时候，也可以用橙子或者陈皮作为替代品。

中式韭菜是洋葱家族的一员，但味道更像是大蒜。
可以将普通韭菜和切碎的大蒜混合，来代替韭菜使用。

香蕉花

混合烹饪

香蕉花鸡肉沙拉

ยำหัวปลี

yam hua pli

配料

1朵香蕉花
1汤匙青柠汁
水
200克鸡胸肉
200毫升椰子奶油
1汤匙烤辣椒酱
1汤匙鱼露
1茶匙砂糖
3汤匙青柠汁
1根柠檬草，白色部分切成薄片
油炸腰果（可选）
1把香菜叶
2片泰国青柠叶，切成细丝
2个小红辣椒，油炸

首先剥掉香蕉花的外叶，沿纵向从¼处切除花心，切成细丝状。将水和青柠汁混合，将细丝放入其中浸泡至少1小时，以减少苦味。

用小火将鸡肉放入中椰子奶油中煮约10分钟，直至煮熟。

取出鸡肉，保留椰子奶油用于制作调味品，随后将鸡肉切成薄片。

将椰子奶油与辣椒酱、鱼露、砂糖和青柠汁混合成酱料。将沥干的香蕉花、柠檬草、腰果（如果使用的话）与鸡肉混合，并将所有这些与酱料混合。最后用香菜、泰国柠檬叶和辣椒装饰菜品。

挑选香蕉花时要选新鲜紧实的。这些花也被称为“香蕉心”。亚洲超市里如果没有这种蔬菜，您可以用比利时菊苣替代。

一煮制

泰式蔬菜汤

แกงเลียง

gaeng liang

部分草药和蔬菜很难在除当地以外的地区买到，如果您因为生活在亚洲以外的地区而无法获得的话，我们建议您可以用其他蔬菜替代。

糊配料

- 1茶匙黑胡椒
- 4汤匙凹唇姜，切碎
- 1汤匙蒜蓉（蒜瓣切碎）
- 4汤匙红葱粒（红葱头切碎）
- 4个小辣椒，切碎
- 12汤匙牡蛎或草菇，切碎
- 1½汤匙咸豆沙

汤品配料

- 1升水或鸡汤或蔬菜汤
- 少许盐
- 8汤匙泰国或日本南瓜块（切成一口大小的小块）
- 16汤匙嫩葫芦块或1个小黄瓜（切成一口大小的小块）
- 16汤匙角丝瓜块或1个小西葫芦（切成一口大小的小块）
- 12只大虾，剥壳，去虾线（可选）
- 1茶匙生抽
- 少许椰糖
- 1把凤须菜或嫩菠菜
- 1把柠檬罗勒

将制作糊的配料放入研钵中，用槌捣成均匀的糊状。接着在锅中加水或高汤，加盐调味后煮沸，将糊状物倒入锅中，搅拌均匀。再加入南瓜块、嫩葫芦块或黄瓜块、角丝瓜块或西葫芦块，小火慢炖至绵软。然后加入大虾，加入生抽和椰糖，并将其混合搅拌均匀。

最后加入凤须菜、嫩菠菜和柠檬罗勒调味点缀，即可食用。

由于凹唇姜外观看起来像是手指，因此也称其为“手指根”。同时也被称为“小姜”和“小高良姜”。除了在草药中的使用，它还通常用于泰餐的烹饪。

“Liang”意为“手头”或“附近种植”，这里指的是这种咖喱汤中使用的新鲜食材。

泰国芒果糯米饭

ข้าวเหนียวมะม่วง

khao niaw mamuang

这是一道不容错过的餐品，一定要去试试！ 这种组合很妙，其重点在于泰国芒果，它在这道菜的制作中无可替代，一定要使用。

配料

400克糯米
用于蒸制的水
400毫升椰奶
125克砂糖
1茶匙盐
1片香兰叶（可选）
1～2个成熟的芒果
烤芝麻（可选）

首先冲洗糯米，然后将糯米在温水中浸泡3小时，用竹蒸笼将糯米蒸制20分钟。在等待糯米蒸熟的过程中，可以同时准备混合料。先将椰奶放入平底锅中用小火加热，接着加入砂糖、盐和香兰叶，小火慢炖10分钟后，捞出香兰叶。

取一半之前制好的混合料倒在温热的糯米上。糯米需与混合料混合，但不能浸没在椰奶中，静置15分钟。

将芒果去皮，切成小块。将处理好的糯米放入小碗中，用勺子舀几汤匙剩余的椰奶混合料，淋在糯米上面，然后在糯米上面再放一些芒果块，并撒上一些芝麻，即可食用。这是一道完美的午后点心，您可以在前往曼谷大皇宫和卧佛寺之前享用！

据说依善的人们“像糯米一样粘在一起”。在较贫穷的依善地区，人们只有紧密地彼此依赖，才能得以谋生度日。

香兰叶气味独特，常用在泰式佳肴的烹饪中。不仅如此，它还可以用在泰国浴室中，为清洁用水增添香味，可以说它是泰国的香草。您可能已经注意到了在汽车或出租车中，香兰还是一个很好的香氛。并且，它还具有药用价值，可使心脏和肝脏保持良好状态，并能缓解发烧和喉咙痛等症状。

在种植过程中，糯米比其他类型的水稻用水更少，于是泰国居民选择在泰国干旱的东北地区种植糯米。这就是为什么在泰国东北部——某种程度上可以说在整个北方地区——糯米是餐桌上的主食。糯米最好的制作方式是蒸食而非煮制，若是将糯米拿去煮，米粒会溶解，煮出来的就只有黏稠的浆状物。糯米被蒸熟后会变成半透明的白色，而普通的米会变成不透明的白色。

制作泰式煎饼是个技术活，要制作香脆的煎饼，需要采用独特的工艺，把握制作的时机。这种煎饼有两种类型：一种口味偏甜，色泽金黄，边缘有一圈金色椰丝（foi tong）；另一种口味偏咸，用虾和香菜制成，美味可口，呈现出橙黄色的色泽。这些煎饼应该很脆，不是大多数食品市场上出售的劣质奶油煎饼那种软塌的口感。

— 炸制

泰式煎饼

ขนมเบื้อง

khanom buang

葡萄牙对泰国甜点有着巨大的影响，这道佳肴就是一个很好的例子。其影响可以从鸡蛋的用法和煎饼的半月外形中看出。

面团配料

500毫升水
4汤匙可可粉（例如阿华田，美禄等）
500克烤黄豆粉
1000克米粉
6个鸡蛋，打成蛋液
700克砂糖

填充馅料

15个鸡蛋，只要蛋清
2000克椰糖

制作面团时，需先将可可粉与水混合，再加入黄豆粉和米粉，持续揉捏直到面团不粘。然后加入鸡蛋液与面团彻底混合，加入砂糖揉搓面团，直至砂糖完全溶解。

填充馅料

取1只干净不粘油的碗，倒入蛋清液。将搅拌机调至中高速，打发蛋清，直至蛋清被打发成湿性发泡。分几次逐渐加入椰糖并继续用搅拌机打发直至椰糖溶解，直至蛋清可以拉出绵软的小尖头。

煎饼上的咸味配料

先将香菜根碎和白胡椒粒放入研钵中，用杵捣碎，直至混合均匀。然后将水和砂糖放入大锅中，中火加热，搅拌成糊状。再加入虾肉碎、盐、新鲜椰丝和适量食用色素。持续搅拌直至水蒸发，即可静置待用。

咸味煎饼

5簇香菜根，用刀刮去污渍，切碎
50克白胡椒粒
500毫升水
24汤匙砂糖
300克鲜虾，切碎
1茶匙盐
3个新鲜椰子，取椰肉切成丝
红色或橙色食用色素

甜味煎饼

金色椰丝

装饰配料

切碎的新鲜椰丝
烤芝麻
新鲜香菜叶

制作咸味的泰式煎饼

先把煎锅用中火加热，将制作好的面团小心地铺上薄薄的一层，做出一个小煎饼。随后在小煎饼上盖上一层薄薄的馅料，然后再在上面涂抹一些咸味配料，并用椰丝、芝麻和香菜叶装饰。将薄饼用刮刀从中间对折，然后取出。

制作甜味的泰式煎饼

先把煎锅用中火加热，将制作好的面团小心地铺上薄薄的一层，形成一个小煎饼。随后在小煎饼上盖上一层薄薄的馅料，然后再在上面涂抹一些甜味配料，用切碎的椰丝和芝麻装饰。用刮刀将煎饼从中间对折取出。

您可以看到，这道佳肴的制作并不简单。有一句泰国俗语，从字面翻译成："你不能用嘴巴做泰式煎饼"，也就是说"一定要知道自己要做什么，否则就什么都别做"。

椰子沙冰

เชอร์เบท มะพร้าว

sherbet mapraw

配料

400毫升椰奶

100克砂糖

200克磨碎的新鲜椰子肉

¼茶匙盐

将椰奶放入锅中加热并加入砂糖，充分搅拌直至砂糖完全溶解后，加入盐和磨碎的椰肉。

将上述准备好的椰奶放入冰箱中冻成冰块状，可以将其分成单独的小份，或是整块冷冻。

如果您使用的是冰激凌机，请按照机器上的说明进行操作。

芒果冰激凌

ไอศครีม มะม่วง

eye krim mamouang

冰激凌对热带国家泰国来说，永远都不会太凉。

配料

2个大而甜的芒果

4个蛋清

100克砂糖

220毫升高脂厚奶油

先将芒果去皮，切下果肉。将切得很细的芒果放入食品料理机中打成果泥。接着将蛋清放入食物搅拌机打至中性发泡，使蛋清变得轻盈、蓬松，加入砂糖，然后继续搅拌。将奶油和芒果泥混合在一起，然后将其拌进打好的蛋清混合物中。将蛋清混合物分成小份，放入冰箱冷冻。

如果您使用的是冰激凌机，请按照机器上的说明进行操作。

NUTTAPORN
COCONUT ICE CREAM
ナタポンアイスクリーム

Up the junction

泰式烤红猪肉

หมูแดง

moo deng

不论在世界上哪个地方的唐人街，您都能看到这种红猪肉。这道餐品最初源自中国，您可以通过观察五香粉在泰国的使用频率，看出这种美味在泰国厨房里也有着自己的一席之地。

配料

- 1块猪里脊肉
- 1汤匙鱼露
- 1汤匙老抽
- 1汤匙砂糖
- 1汤匙鲜姜，切碎
- ½汤匙芝麻油
- ½茶匙红色食用色素
- 1茶匙五香粉

首先制作腌料，除猪里脊肉以外，将其他所有配料混合。将猪里脊肉放入混合物中，均匀地涂上腌料，在冰箱中腌制至少3小时。

将猪里脊肉从腌料中取出，放置于木炭烤架上，均匀地烤制。

在烤制过程中，不时转动猪里脊肉，并将剩余的腌料涂在肉上，直至烤熟（约15分钟）。

待冷却后将其切成薄片，即可食用。

烤红猪肉经常搭配面汤或铺在米饭上食用。当您看到挂在钩子上的红猪肉，就能很容易找到出售的地方。

脆皮猪肉

หมูกรอบ

moo khrob

这是一道地道的泰国美食，它虽然制作简单，但有些耗时，需要提前做好准备工作。

配料

3汤匙生抽
少许盐
少许砂糖
1000克五花肉，洗净
5汤匙盐
3汤匙醋
炸制用油

- 将生抽与少许盐和砂糖混合后，用于腌制五花肉，再将五花肉放入冰箱中腌2天。
- 待五花肉从腌料中取出后，上锅蒸30分钟直至熟透。关火冷却，无须放入冰箱。接着在带猪皮的五花肉的一面切一个纵向的切口，深约½厘米即可，要小心，只需切开猪皮，无须切到肉。然后用叉子固定住肉，加入盐和醋，用力并充分地揉搓。
- 将处理好的猪肉至少风干一晚，最好是48小时。
- 风干完成后，刷掉外表皮的干盐，再油炸直至猪皮起泡并噼啪作响。沥干，冷却，切成薄片，即可食用。

脆皮猪肉可搭配多种菜肴，比如汤面或炒菜。它本身美味酥咸的口感，和山药搭配口味极佳。与此同时，您很容易就能知道熟食摊里是否出售脆皮猪肉，因为店家一般都会把它挂起来展示。

一炒制

虾酱炒饭

ข้าวคลุกกะปิ

khao kluk kapi

如果您有一些剩饭，这道菜是利用它的最佳方式。

配料

½汤匙切碎的香菜根
1瓣蒜，大致切碎
¼茶匙粗海盐
2汤匙植物油
1汤匙虾酱，
用铝箔在平底锅中烤几分钟
300克煮熟的米饭
1汤匙米醋
1茶匙砂糖

将香菜根碎、蒜块和盐放入研钵中，用研杵研磨成均匀的糊状物。

将植物油放入锅中，用中火加热。加入香菜根糊并炒制1分钟左右，直到香气释放出来。随后加入虾酱，继续翻炒，直至配料完全混合，分布均匀。

在锅中加入米饭，小心翻炒，确保米饭没有粘锅或烧焦。起锅前可用米醋和砂糖调味。

餐品可以搭配简单的装饰菜或配菜，例如青芒果、煎蛋、干虾或图中所示的炸鸡（泰式炸鸡，详见第150页）。

如果可能的话，建议您使用前一天煮熟的剩饭，这样饭本身会稍微干一点，在炒菜时不容易粘在一起。

泰式炸鸡

ไก่ทอด

gai thod

本道餐品上面撒了一些油炸的大蒜，是极具波罗巷风格（Soi Polo-style）的炸鸡。

配料

4瓣蒜瓣，切碎
4簇香菜根，用刀刮去污渍，切碎
10粒白胡椒粒
4汤匙面粉
1个鸡蛋，轻轻打散成蛋液
2汤匙水
2汤匙鱼露
2汤匙生抽
8个鸡腿
炸制用油
佐以烤鸡甜辣酱食用（见第206页）

- 将蒜末、香菜根碎和白胡椒粒放入研钵中，捣碎成均匀的糊状。
- 将糊状物与面粉、打好的鸡蛋液、水、鱼露和生抽混合成面糊。
- 将鸡腿裹上面糊，再放入锅中油炸至酥脆。
- 本餐品搭配甜辣椒酱食用，滋味更佳。

—炒制

酸辣泰国鲭鱼

ปลาทูเปรี้ยวหวาน

pla tuu priao wan

我的好朋友Pi Toon向我介绍了这种很受欢迎的小鱼。

配料

2汤匙植物油
2条泰国鲭鱼或4片鲭鱼片
4个鸟眼辣椒，切成细丝状
4瓣蒜，切碎
2汤匙鱼露
2汤匙砂糖
4汤匙罗望子汁（将1汤匙罗望子酱挤入4汤匙水中）
100毫升水
1把香菜叶

用中火加热锅，锅中加入1汤匙植物油。放入准备好的鱼，每面煎2分钟，直到鱼变成金黄色，然后从炒锅中取出，静置待用。

将剩余的油倒入炒锅中，翻炒辣椒丝和蒜末1分钟。

在锅中加入鱼露、砂糖和罗望子汁，将煎好的鱼放回锅中，并加入水，让鱼充分吸收酱汁后即可关火。

起锅后用香菜叶装饰，搭配米饭食用。

在泰国街头食品中，泰国鲭鱼很普遍，是不容错过小食之一。其烹饪方法也不尽相同，您可以简单地将其蒸熟，搭配经典的蘸酱食用（酸辣虾酱，详见第207页），也可以搭配辣椒和柠檬草，做成沙拉食用。

泰国国菜

尽管泰国提供多种多样的食物，但普通游客的选择往往只限于最耳熟能详的那么几道菜，泰式炒面往往就是其中之一（至少大多数人都会点）。如果您想要品尝到最正宗的泰式炒面，那么一定要去位于曼谷北部的金山寺旁边的鬼门泰式炒面店。每天从下午五点开始，人们就排成了长队，陆续还不断有人会加入长长的队伍当中，等着他们的**泰式炒面**。炒锅忙碌地翻炒着，下面涌动着的火苗熊熊地燃烧。一阵风吹过，还能看到火苗随风摆动。我今天是独自一人，因此等炒面的时候，显得格外孤单。我心里有些怅然若失，因为我认为吃饭的乐趣是肯定要与朋友分享的。我知道这一点，我环顾了四周，餐馆里其他人也都知道这一点。

鬼门泰式炒面店可能是这个城市里最好、最卫生的泰式炒面馆。它于1966年开业至今，之所以能获得这样的美称，像常青树一样一直很成功，是因为它拥有一批忠实的粉丝，他们都是冲着几十年如一日的食品质量和优质服务来的。为了避开马哈柴地区的雨季，鬼门炒面店的老板娘将餐厅搬到了曼谷的一所房子里。她要求鬼门泰式炒面店的定价是普通泰式炒面平均价格的3倍，但她也能保证顾客每一泰铢的花费都是值得的。鬼门泰式炒面店会提供不断变化的菜肴，例如，用煎蛋卷包裹的泰式炒面，或配有青芒果和螃蟹的泰式炒面。无论变化如何，所有的菜肴总是会配上香蕉花、豆芽和葱，客人们可以自行选择用辣椒、鱼露和烤花生来调味。

历史上，泰国炒面的出现可以追溯到大城府时代，是越南商人将面条引入泰国的，其原名本为“kway teow pad”，从中也不难看出这道餐品所承袭的中国血统。泰国当时的总理銮披汶，是一名民族主义者，在他1938年至1944年担任总理执政期间，他将本国的名称从“暹罗”改为“泰国”。在他的管理之下，政府推动了米粉的使用以及大米的种植和出口，因此也影响了泰国人民的民族意识。据美国有线电视新闻网报道，当今的泰国炒面已经跻身世界上最受欢迎的菜肴之一。

ผัดไท
ても美味しいですよ!あなたもとりこになります
PADTHAI

一炒制

泰式炒面/大虾炒面

ผัดไทย

phat thai

事实上，这道菜是由一道中国菜衍生而来的，但它传入泰国后，菜肴的制作进行了改变（例如添加罗望子水），后来就成了泰国菜。泰式炒面在越南战争期间变得流行起来，由于当时许多美国士兵来泰国娱乐放松，于是一些食品供应商开始添加番茄酱味泰式炒面。幸运的是，这种变化并没有持续很长时间，所以如今我们仍然能够尝到正宗好吃的泰式炒面。

主料配料

4汤匙鱼露
2汤匙椰糖
2汤匙砂糖
2汤匙罗望子水
250克干细米粉，在水中浸泡1～2小时
3汤匙植物油
2个红葱头，切碎
2瓣蒜，切碎
3汤匙小干虾
1个鸡蛋，轻轻打散
4汤匙老豆腐，油炸，切成小方块
2汤匙腌萝卜，切碎
1茶匙辣椒粉
1根小韭菜，切成2厘米长的段
1把豆芽

- 首先在锅中放入鱼露、椰糖、砂糖和罗望子水，小火慢炖，直到糖溶解，静置待用。
- 沥干细米粉的水，静置待用。
- 用中火加热锅中的油，加入红葱头碎、蒜末和小干虾并翻炒。倒入鸡蛋，调至小火，持续翻炒。接着加入老豆腐块和腌萝卜碎，然后加入细米粉，调至大火搅拌翻炒，确保米粉与配料混合均匀。再倒入之前制备的酱汁和辣椒粉，混合均匀。起锅前加入韭菜段和豆芽。
- 菜品盛盘后，推荐配上辅料食用（详见辅料配料）。

泰式烹饪技巧

对第一次来泰国旅游的人来说，种类丰富的食物似乎总是令人难以招架且有些迷惑，但仅需一点耐心，通过了解简单的烹饪技巧知识，您就可以在食物的迷宫中找到阳关大道。

首先，也是最重要的一点，大部分小贩都有自己最擅长的一种食物，他们每个人都有不同的烹饪方式和烹饪设备，因此就算是同一种食物，或多或少都有自己的特色。小摊虽然不是设备齐全的专业厨房，但是他们一定有自己必要的设备。

您可以通过查看摊位上使用的设备类型，也就是俗称的“硬件设施”，来确定该摊位供应的食物类型，从而决定要不要去那家摊位用餐。不仅如此，您还可以查看供应的配料，也就是俗称的“软件设施”，来了解餐食的具体细节。食材大多放在餐车的玻璃窗里或者旁边的竹筐内。

一旦您掌握了识别“硬件”和“软件”的能力，鉴定美食就变得像做游戏一般。这里，我们来说说如何快速通过看“硬件”来“侦察”烹饪方法。

烤制

泰国烧烤与传统的BBQ烧烤的小火慢烤不太相同，这种烹饪方式主打大火快烧，这在曼谷的街道上很是常见。传统意义上，我们会使用木炭，为的是让食物具有烟熏味。有时小贩会直接将食物放在烤架上烤制，但对于易碎的食材，比如鱼，则要使用一些保护性的包装。不论是香蕉皮、椰子壳或是香兰叶，通常它们都比铝箔更受欢迎，因为它们不仅看起来更有吸引力，而且这些植物外皮有助于保留烤串的水分。不仅如此，它们还具有天然的防锈层，且能给食物添加淡淡的草本香气。在泰国旅游的时候要注意，大部分烧烤的外包装都不可食用哦！

有一些小贩会在一个小陶罐上烧烤，陶罐内装着烧烤用的木炭，陶罐顶部支了一个烤架，随时等待客人下单。还有的店家会用大一点的烤架，有点像西式BBQ烧烤——将食物平铺在烤架上，食物在烤架上一边烹饪一边展示。木炭烧烤为菜肴增添了额外的香味，其中最经典一种就要数**炭烤鱿鱼**了。炭烤鱿鱼的售卖方式很特别，通常它们是在自行车上出售的，卖家会来回移动调整木炭，确保炭火火力一直保持旺盛。

煮制

如果您到了一个摊位，看到里面有燃气灶和锅，那不妨再看看里面有什么食材。大部分这样的小店都提供汤面、炖菜和沙拉。有些店家可以提供各种各样的选项，有些只有一道特色菜，不过您可以根据自己的口味选择菜肴，例如选择面条的种类，或是菜肴中使用的肉类。通常情况下，还可以要求添加额外的配料，您只需要告知店家您想要添加的配料即可。如果是关于面条，那么您首先必须选择您想要的面条，“mi”是鸡蛋面，“sen lek”是指细米粉，“sen yai”是说粗米粉。然后您再告诉店家您是想要吃拌面还是汤面即可。

蒸制

从烹饪方法能将食材鲜味最大限度地保留这方面来看，蒸制通常优于煮制，因为食材是在沸腾的蒸汽中烹饪，而不与液体本身直接接触，所以食物味道和质地的优点得以更好地保留。这是一种非常健康的烹饪方式，其优点不言而喻，您可以用最新鲜的食材获得最佳效果。

典型的泰式蒸锅有好几层，其通常由铝合金制成，大小不一。底部的平底锅是用来盛放水的，您可以使用一层或多层蒸屉，将它们堆叠在一起，用来放置各类食材。烹饪时间最长的食物放在最上层，整个蒸锅需要盖上盖子，这样蒸汽才不会逸出。

泰国厨师不仅使用蒸笼来烹饪食物，还用它来保温，就像经典的**泰式包子**和**泰式蒸红咖喱鱼饼**，都可以用蒸笼来烹饪并保存。对于较小的小吃，例如**泰式点心**中的烧卖，卖家会选择较小的竹制蒸笼。蒸笼和蒸锅一样，也具有几个不同的隔层，但它的底部是不同的，蒸笼是放置在装有沸水的烹饪锅上方来使用的。在许多食品市场里，您还可以在这些小型竹蒸笼中找到**蒸鲭鱼**。

还有一种蜂窝形状的蒸笼，用于烹饪和供应糯米饭。在铝锅中将水煮沸，将装有米饭的隔层放入其中，然后盖上盖子或毛巾，以防止蒸汽逸出。

炸制

煎炸的“硬件”很容易识别，几乎无处不在。我们将这部分分为三类：油炸、煎制和炒制。

油炸

尽管泰国菜中惯用油炸，但其仍然享有健康食品的美誉，这是因为通常只有一种配料或一小部分食物以这种方式烹饪，为的是给菜肴提供酥脆的口感。不论在何种情况下，油炸部分在整份食物中的比例都较小，而且大多数泰国人在吃高脂肪食物时也会吃蔬菜及水果来补偿，这就是所谓的阴阳平衡。

泰国菜用到油炸时要使用大锅，通常锅的每侧都有一个手柄。炸的时候一般会在燃气灶上加热。火焰的大小很重要，因为如果加入食材后，油的冷却速度太快，食物就会吸收过多的油脂。反之，如果油足够热，水分将被密封到食物中，并且当被锁住的水分变成蒸汽从烹饪食物中逸出时，这些蒸汽还能阻止油脂进入食物中。店家通常会使用大号的中式漏网勺来炸制食物。在卖油炸食物的摊位，您总会看到一个放置熟食的沥架，这是为了让尽可能多的油被沥掉，保持食物的香脆。

煎制

这实际上是一个中间类别，介于烤制和炒制之间。食物可以在平底煎盘或特殊设计的模具上快速煎炸（例如椰子布丁）。泰式炒面经常在平底锅上煎制，**煎贻贝**也是这样。现在最常见的是，厨师会用燃气灶来加热平底锅，但有时您会突然看到忠实的传统主义者仍在坚持使用煤火加热。

炒制

说到泰国菜，大多数人可能会想到用炒锅炒制食物，但泰国菜也不是一定要在炒锅里炒制，虽然大部分情况是这样，毕竟炒锅确实很方便，一个炒锅就足够烹饪一顿佳肴了。对某些烹饪方式来说，通常没有特定的硬件设施规定，例如，做汤时可以用小锅、平底锅和蒸锅等。然而，对炒制来说，炒锅是必不可少的。拿我最喜欢的**炒空心菜**举例，这道菜的准备时间很长，因为所有的配料都必须仔细清洗，并事先切成一口大小的小块。不过这道菜很快就可以完成：将炒锅加热至高温，在锅中加入油，待油锅变热，然后按照正确的顺序放入食材，快速翻炒，直到所有食材都炒熟，这道菜就完成了！由于是高温烹饪，食材也都已被切碎，整个过程只需要几分钟。炒菜是一种非常快速和健康的烹饪方式，能够最大限度地保持食物的香气和营养价值。炒锅有着独特的形状，可以让底部最热，侧面稍微保持低温，因此您可以将熟食移到侧面，同时继续在底部加热烹饪。当然，如果没有锅铲，炒制几乎是不可能完成的，因此如果您看到一个在火焰上架锅的食品摊，小贩正拿着锅铲在挥舞翻炒，那么您几乎就能断定这家大致是什么餐品类型了。您只需再看看橱窗里的食材，就可以点餐然后大快朵颐了。

混合烹饪

有些菜肴的配料要（完全）混合并磨碎，而有些菜肴里的配料只需混合，并添加到另一个菜肴中作为酱汁的一部分。如果您看到一个小摊上有大型木制或陶制的杵，那么您基本可以断定他们出售的是有名的青木瓜沙拉。另一种典型的硬件设施是搅拌碗，对搅拌碗来说，您需要查看橱窗或冰柜里的食材，才能确定这家小摊提供的是什么菜品。

“Yam”是一种酸辣口味的沙拉，其中多种配料可以互换，因此搭配的样式繁多。但几乎所有的酱汁当中都有鱼露、青柠汁、砂糖、辣椒和新鲜时蔬。如果您想要有意识地吃得健康，并且坚持计算卡路里，那您肯定会注意到其成分列表中不包含任何高脂肪的食材，这一点和普通的沙拉酱完全相反。其中，辣鱿鱼沙拉是我最喜欢的沙拉之一。重要的是要记住：在泰国，“Yam”口味的沙拉通常非常辛辣！

炭烤鱿鱼

ปลาหมึกย่าง

pla muek yang

如果您有幸看到炭烤鱿鱼的小店，那么一定要去听听鱿鱼在烤架上吱吱作响的声音，然后点上一份，尽情地大饱口福。

配料

1只新鲜的中型鱿鱼，清洗干净

250克盐

- 用盐大力揉搓鱿鱼，再将其在阳光下晒干或在烤箱（100℃）中烤制2小时。
- 将鱿鱼压扁，您也可以使用面食机来完成。
- 用木炭烤鱿鱼，每面约3分钟。

餐品烤好以后，一般会放入报纸折成的袋子里，再配上甜辣椒酱及花生酱，甜味和咸味得到了非常好的平衡，口感简直妙不可言。

一炒制

煎贻贝

หอยทอด

hoi thod

宿醉后可以尝尝这道菜，可以减轻一些不适。

主食配料

500克贻贝，洗净去壳
2汤匙植物油
1个鸡蛋，轻轻打散
1把豆芽
1棵小葱，切成葱花
1汤匙生抽
1汤匙鱼露
1茶匙砂糖
1把香菜叶
少许白胡椒粉

面糊配料

3汤匙米粉
3汤匙面粉
少许盐
1个鸡蛋
200毫升水

首先将所有面糊配料均匀混合在一起，加入贻贝拌匀，静置备用。在煎锅或平底锅中加热油，然后舀入面糊来制作煎饼。当煎饼边缘开始变硬时，翻转煎制另一面。

将煎饼一分为二，中间煎鸡蛋，再加入豆芽和葱花炒匀。最后加入鱼露、酱油和砂糖调味，并用香菜叶和白胡椒粉装饰。

搭配甜辣酱食用，滋味更佳。

炒空心菜

ผัดผักบุ้งไฟแดง

phat pak bung fai deng

“Phat fai deng”的字面意思是：“用红火烹饪”。有时候，您会看到这道菜的制作过程颇具火光飞溅的戏剧效果。为了使炒锅达到所需的炒制温度，有时火焰会进入锅内，这会使空心菜有一种烟熏味。当火焰进入锅中时，一些街头厨师会更进一步炫技，颠勺将蔬菜抛至空中，蔬菜掉下来的时候，他们又巧妙地用锅接住它们。您要是问我的话，我认为这有点危险，强烈建议您不要在家里尝试。

配料

250克空心菜
1汤匙植物油
2瓣蒜，压碎
1个中等大小的红辣椒，切成薄片
2汤匙黄豆酱
1茶匙砂糖
2汤匙生抽
6汤匙水或鸡汤

事先可将空心菜放入冰水中，这样可以保持菜的美味和清脆，以便翻炒。开始炒制前将菜沥干，加热炒锅，倒入油，中火炒大蒜、辣椒和黄豆酱。然后加入空心菜，调成大火，快速翻炒至叶子变软。再换成小火，加入砂糖、生抽、水或鸡汤，起锅盛盘即可食用。

来自中国的影响

泰餐最大的灵感来源之一是中国。当曼谷还不是当今的曼谷时，就有中国移民居住在该地区了，甚至现在泰国王宫的住址就是之前的中国城旧址。因为王宫的建设，当地居民才被迫搬出达那哥欣岛，搬到现在的唐人街——耀华力路。白天，在耀华力路周围狭窄的小巷漫步是一件令人心旷神怡的事情。唐人街是一个独立的世界，一座城市中的城市，它拥有不同的文化、不同的语言和不同特色的美食。

从香港到新加坡，中国的影响无处不在。其中一个例子就是**海南鸡饭**，曼谷大名鼎鼎的红大哥水门海南鸡饭餐厅就是因为这道餐品而走红的。曼谷餐厅随处可见挂着的白斩鸡，旁边放着一盆热腾腾、香喷喷的高汤，海南鸡饭的火爆程度可见一斑。这道餐品还有另一种版本，是用鸭子作为主食材来代替鸡肉。如果您对鸭肉版本的海南鸡饭更感兴趣，推荐您去贝敦召塔餐厅，那里每天至少卖出大约60只鸭子。

晚上的时候，我最喜欢在唐人街溜达，在无数彩色霓虹灯的映照下，路边鳞次栉比地排列着各式各样的摊位，整齐而有序，食客们吃得好不热闹。沿街可以看到各式各样的锅一刻不停地翻炒着，食物的香气让排队等待美食的人们更加饥肠辘辘。哪怕是开最新款奔驰的车主，也会专门跑来买20泰铢的汤面。

在唐人街您还可以吃到丰富的海鲜：大海螯虾、新鲜的蛤蜊、咸鲜的生蚝、肥美的螃蟹、青口贝和各种各样的鱼类，应有尽有！我曾无数次在比利时的家里，如痴如醉地怀念着耀华力路的海鲜，那种数量和质量……

T&K海鲜大排档位于Soi Texas巷和耀华力路的交会口，这里是体验泰国饮食文化的不二之地。不用担心在密密麻麻的小摊里迷失，您可以清楚地通过工作人员的绿色保罗衫来分辨。您要是想以最实惠的价格吃到最新鲜的

海鲜，就需要费点儿时间排队，但等待是非常值得的，而且大多数情况下，时间不会很长，很快就会有热情的工作人员接待您，安排位子并奉上餐点。我在这家餐厅的最爱，是**烤大虾佐辣酱**、**油炸蟹**和**辣炒蛤蜊**。您若是喜欢酸酸辣辣的口味，推荐您尝试**清蒸柠檬海鲈鱼**！

对我来说，早上的唐人街是一个完全不同的世界。我最近一次去到唐人街就是在一个早上，发现了很多之前不曾发现的宝藏，烹饪的秘密完整地在我面前展开，就好像一次美食探宝之旅。这个时段的曼谷唐人街，一定会给您带来一段难忘的体验。在一家曲径通幽的传统咖啡馆里，您可以看着咖啡从长长的、形似丝袜的滤网中滤出，在一旁看着店员熟练且一气呵成的动作，感觉这一天都神清气爽。早餐可以选择早餐店里的**排骨粥**或是小摊上的**泰式包子**，有特色而且美味。接着可以在蜿蜒曲折的小道尽头找到khao kaeng的摊位，吃上一顿午餐，推荐您品尝**黄咖喱猪肉佐胡桃南瓜**，再来一些**娘惹红咖喱猪肉**配米饭，这大概就是最地道的美食体验了。您还可以和在此上下班的当地人聊聊天，他们大多乐意交流，不论英语还是泰语，都会想要闲聊上几句，每每这种轻松自在的时刻，才是您真正体验街头饮食文化的融洽氛围。靠近大红门秋千附近，常年停着一辆外卖车，多年来，店主日复一日地准备着**炒粉丝**。另外，在车水马龙的耀华力路上，一定不要错过**青芒果蘸辣鱼酱**。总之，要敢于尝试和探索，当您真正理解到唐人街饮食文化的灵魂，您才能感受到这个地方的奇妙与辉煌。

最初来源于中国的海南鸡饭，是当地的特色美食，经济窘迫的中国移民将其在泰国发扬光大，因为它可以随意创新，价格低廉，又没有浪费任何东西。剩下的鸡腿可以油炸，骨头和颈部可以用于制作高汤。高汤又可用来煮米饭，又可以直接作为汤食用，还可以调制酱，经济又美味，是移民初期餐品的不二之选。

一煮制

海南鸡饭

ข้าวมันไก่

khao man gai

曼谷餐厅随处可见挂着的白斩鸡，其旁边放着一盆热腾腾、香喷喷的高汤。远远地就能闻到餐品飘来的香味，混合着饭香，格外诱人。大多数泰国菜都是几人共享食用的，但是海南鸡饭是个例外，一般都是一人一份。为海南鸡饭搭配上一碗汤，这才是一顿完整的饭啊！

鸡肉配料

1只整鸡
4升水
1撮盐
1撮白胡椒粉
8瓣蒜
2簇香菜根，用刀刮去污渍，切碎
1把香菜秆
500克大米
100克糯米，在温水中浸泡至少3小时
4汤匙植物油
1撮盐
1撮砂糖

汤品配料

1个小绿葫芦，去皮、去籽并切块
1汤匙生抽
1撮白胡椒粉
1汤匙葱花
1汤匙香菜叶

清洗鸡肉后，把它放在一个大锅里，加入适量的水直到没过鸡肉。锅中加入盐、白胡椒粉、3瓣蒜、香菜根碎和香菜秆，小火煮30分钟，定期撇去浮渣。关火，放至完全冷却后，取出鸡肉，去皮，剔骨。将肉放置备用，撇去汤中多余的油脂后过滤。切碎剩下的大蒜静置备用。

中火加热油，加入蒜末并炒至金黄色。取出1茶匙炒好的大蒜，放在厨房纸上备用。

将大米和糯米混合，冲洗干净，沥干。

接下来准备米饭。在锅中加入混合好的米，持续搅拌几分钟，加入盐和砂糖调味，再加入足够的鸡汤直至没过米即可。大多数泰国人煮饭的时候不测量米和水之间的比例，加水没过米饭后，至食指第一和第二关节之间即可，鸡汤以此类推。搅拌均匀，盖上盖子，小火慢炖至米饭煮熟（大约需要20分钟）。如果需要，可以额外补充鸡汤。

>>

调味料配料

4汤匙鸡汤

4汤匙黄豆酱

1汤匙老抽

1汤匙姜末

1茶匙砂糖

装饰配料

½根黄瓜，切片

少许香菜叶

将剩下的鸡汤重新煮沸，加入处理好的绿葫芦块，煮约10分钟。加入生抽、白胡椒粉、葱花、香菜叶和预留的炒好的蒜末。将调味料所有配料混合并搅拌均匀。

将适量米饭盛盘，将鸡肉切成薄片放在上面，用黄瓜片和香菜叶点缀。盛一碗汤，并将混合好的调味料放入小碟中，即可食用。

ข้าวมัน
พิเศษ 35.-
วลูกชิ้นหมู
ยู่ด้านหลัง
Bata

大金行
เยาวราช 6
Yaowarat
ATM
จินฮั้วเฮง
โทร.02-224-0077
ห้างทอง
ทองไข
เชียงเฮงฮั่วกี
SIANG HENG HUA KEE
ฉ.มั่นคง
สายใต้ใหม่ หัวลำโพง
เฉาก๊วยแท้
แก้ร้อนใน
ชามละ15 บ

油炸蟹

ปูจ๋า

poo jaa

螃蟹是泰国无法浅尝辄止的海鲜之一，都说只有蒸蟹才能保证海鲜的原汁原味，但这道油炸蟹却是个意外的惊喜。

配料

400克蟹肉或6个新鲜的小螃蟹

2瓣蒜，切碎

1汤匙切碎的香菜叶

1撮黑胡椒粉

200克猪肉（也可以用鸡肉代替）

1个红葱头，切碎

1根小葱，切碎

2汤匙鱼露

1茶匙砂糖

2个鸡蛋，轻轻打散

6个蟹壳（如果使用蟹肉额外需要）

装饰配料

少许香菜叶，切碎

1个大的红辣椒，切丝

- 如果您使用的是新鲜螃蟹，那么首先将螃蟹在盐水中焯熟，焯水时间取决于螃蟹的大小，买的时候可以事先问一下店家。接着剥出蟹肉，保留并洗干净蟹壳。
- 将蒜末、香菜叶碎、黑胡椒粉放入一个搅拌碗，混合均匀后，加入猪肉、蟹肉、红葱头碎、葱花、鱼露和砂糖，搅拌均匀，再将混合物填入准备好的蟹壳内。
- 将填好料的蟹壳蒸约15分钟后，取出静置备用。将蒸好的螃蟹浸入打好的鸡蛋液中，裹上鸡蛋液后放入油中，中火炸至金黄色，注意不要炸的时间太长，否则填充物会掉出来。炸好后即可捞出，滤掉多余的油。
- 出锅后用香菜叶碎和辣椒丝做最后的装饰，佐以黄瓜开胃菜（详见第203页关于黄瓜开胃菜的介绍）或泰式辣椒膏（详见第205页关于泰式辣椒膏的介绍），滋味更佳。

辣炒蛤蜊

หอยลายผัดพริกเผา

hoi laai phat phrik pao

配料

300克新鲜蛤蜊，
用盐水浸泡几小时让蛤蜊吐沙
2汤匙植物油
2瓣蒜，切碎
1汤匙鱼露
1茶匙砂糖
2汤匙烤辣椒酱
1个大的红辣椒，斜着切成片
2把泰国罗勒

先以中高火热锅，温度上来以后倒入植物油，加入蒜末和蛤蜊，大火爆炒至蛤蜊打开。然后加入鱼露、砂糖和辣椒酱，继续翻炒均匀。起锅后加入切好的辣椒和泰国罗勒，搅拌均匀，即可食用。

—蒸制

清蒸柠檬海鲈鱼

ปลากะพงขาวนึ่งมะนาว

pla ka pong nung manao

这是伊娃的最爱！鱼的鲜美配上酸酸辣辣的配料，在保留了鱼的原汁原味的同时，还能刺激食欲。好吃又容易制作，不妨来尝试一下！

蒸鱼配料

1整条海鲈鱼或400克白身鱼片
2根柠檬草，切碎
4片泰国青柠叶
6片高良姜
2簇香菜根，用刀刮去污渍，切碎
1撮盐

调味料配料

2汤匙香菜根碎
2汤匙蒜泥
1个大的红辣椒，去籽和切碎
5～20个小辣椒，切碎
3汤匙鱼露
4汤匙青柠汁
1汤匙砂糖
1撮盐

装饰配料

1个青柠，切成薄片
1棵芹菜，切碎

将切好柠檬草碎、泰国青柠叶、高良姜和香菜根碎均匀地铺在盘子上，将鱼放置在盘中，撒上适量的盐调味。

根据鱼的大小，蒸制约15分钟（直至蒸熟）即可取出备用。在此期间可以将所有调味料配料混合在一起，拌匀作为酱汁。

将蒸熟的鱼取出后，放在盘子上，用勺子往鱼肉表面淋一些鱼汤（蒸鱼渗出的原汁）。随后淋上调好的酱汁，加入几片切好的青柠和芹菜作装饰，即可食用。

很多时候，厨师会将鱼蒸至半熟，然后放入一个鱼形的盘中，上菜时在盛鱼的盘下烧上木炭，这样可以在上菜以后继续加热。

一煮制

排骨粥

ข้าวต้มกระดูกซี่โครงหมู

khao tom kra dook moo

早餐一碗排骨粥，让您开启元气满满的一天！

配料

- 600克排骨，切成3厘米大小的块
- 2升水
- 2汤匙生抽
- 2汤匙鱼露
- 2汤匙蚝油
- 1汤匙砂糖
- ½汤匙切碎的腌萝卜块或腌白菜
- 3根小葱，切成葱花
- 1把芹菜叶
- 1把香菜叶
- 1汤匙白胡椒粉
- 500克煮熟的米饭
- 1汤匙炒好的大蒜

用冷水冲洗排骨直至排骨完全清理干净。接着将2升水倒入大锅中，加入排骨。慢火煮沸，然后小火炖大约1小时，直至肉变软。

将适量的生抽、鱼露、蚝油和砂糖加入排骨汤中调味，再加入腌萝卜碎、葱花、芹菜叶、香菜叶以及一半的白胡椒粒并搅拌均匀。

将米饭倒入汤中，用炒好的大蒜和剩下的白胡椒粉装饰，即可食用。这道菜还可以搭配泰式甜甜圈（详见第42页）。

这道餐品的主食也可以用鸡肉或虾来代替排骨。

—蒸制

泰式包子

ซาลาเปา

salapao

这道餐品原本是中式早餐，泰语直译过来即为“中国包子”。其馅料搭配方式多种多样，比如红烧肉或黑豆等。

制作15个包子所需材料

240毫升水
2汤匙植物油
1汤匙砂糖
1茶匙盐
300克面粉
½汤匙鲜酵母

馅料配料

2汤匙植物油
2个红葱头，切碎
1根小葱，切碎
200克猪肉末
1茶匙生姜末
3汤匙酱油
½茶匙现磨白胡椒粉
½茶匙砂糖
4汤匙水
1茶匙芝麻油
烘焙纸
1管白醋喷雾

首先准备包子的馅料。先将植物油放入锅中，加入红葱头碎、葱花和猪肉末，炒制几分钟，直到猪肉变色。接着加入生姜末、酱油、白胡椒粉、砂糖和水。小火慢炖直至所有水分蒸发，然后加入芝麻油炒匀后起锅，即可静置待用，大约放置2小时直至完全冷却并结块。

接下来准备面团，先将水、植物油、砂糖和盐在一个搅拌碗中混合，搅拌均匀后静置待用。取1个更大的搅拌碗，放入面粉和酵母，将其混合均匀后倒入之前的混合物中。反复揉捏直到面团成型，在面团上盖上盖子，在室温下放置30分钟发酵。

将发好的面团分成约15个球，将烘焙纸裁成15个方形纸片。将分好的面团压扁，如果面团粘连较严重，可以加少许油。舀取1茶匙的馅料，放置于压扁的面团中间，将边缘向内侧折叠，形成发髻形状。将包好的包子放在裁剪好的方形烘焙纸上，即可开始蒸制。

如果想让包子颜色更白，可以喷一些白醋。蒸制大约10分钟，即可食用。

离开7-11便利店时，您可能会听到员工说：“您还需要其他的东西吗？”（ao salapao porm mai krap / ka?）

这个语境里的“包子”（salapao），意思是“其他任何东西”。

黄咖喱猪肉佐胡桃南瓜

แกงฟักหมู

gaeng fug moo

猪肉的甜味与胡桃南瓜的苦味在这道餐品中相得益彰。

配料

200克胡桃南瓜
切成3厘米见方的小块
1汤匙面粉
300克猪里脊，切成条状
225毫升浓稠椰子奶油
（取自罐装椰奶的顶层）
1汤匙黄咖喱酱
2汤匙鱼露
1汤匙砂糖
400毫升椰奶

- 将切好的胡桃南瓜煮制约20分钟后沥干。
- 将切好的猪里脊裹上面粉，放入冰箱冷藏约30分钟。
- 中火将锅加热后，倒入浓稠的椰子奶油，加热至油脂分离，然后将火调到最小，加入黄咖喱酱搅拌均匀，煮至香气溢出，然后加入鱼露和砂糖调味。
- 再加入猪里脊肉，煮至其变为褐色。
- 加入椰奶，小火慢炖至沸腾。如果需要，可以加入一点额外的鱼露，即可起锅食用。佐以煮熟的南瓜、米饭和黄瓜开胃菜一起食用，口感更佳（详见第203页）。

ออมสิน
ออมสิน

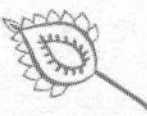

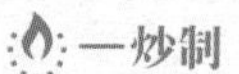

一炒制

娘惹红咖喱猪肉

พะแนงหมู

panang moo

这道餐品是我最喜欢的咖喱之一！自制咖喱酱不仅有趣，而且质量比较有保证，没有增味剂或添加剂。在咖喱酱中使用切碎的花生和肉豆蔻会使其味道更甜。这道娘惹红咖喱呈奶油状，相比普通的红咖喱，其口感更绵稠、更温和。

咖喱酱：干货配料

2茶匙烤好的香菜籽
½茶匙烤好的孜然籽
½个烤好的肉豆蔻
2个烤好的小豆蔻荚
½茶匙黑胡椒粒
½茶匙盐
3个烤好的青辣椒
12个大干红辣椒，切碎（去籽，并在水中浸泡10分钟）

咖喱酱：食材配料

1茶匙老挝姜末
2茶匙切碎的柠檬草
1茶匙研磨的泰国青柠皮
1汤匙香菜根碎
3汤匙红葱头碎
2汤匙蒜末
1茶匙烤好的虾酱
2～3汤匙花生（先在烤箱中烤约30分钟，然后冷却）

4汤匙浓稠椰子奶油（取自罐装椰奶的顶层）
2汤匙咖喱酱
1汤匙鱼露
1汤匙椰糖
250克猪里脊，切成条状
1把小泰国茄子（去除茎部）
1个大的新鲜红辣椒，沿对角线切成环状
200毫升椰奶
5片泰国青柠叶，去掉叶脉并切成细条状
1把泰国罗勒叶

首先制作咖喱酱，在研磨用的碗中，用木槌将咖喱酱的干货配料捣碎，然后加入咖喱酱的食材配料，将其磨成细腻的糊状，静置备用。

用高温将锅加热，倒入浓稠的椰子奶油，加热至油脂分离。

然后将火调到最小，加入调好的咖喱酱，在不搅拌的情况下小火慢炖2分钟。如果糊状物开始粘锅，加入少许植物油以防止其烧焦。

加入混合好的2汤匙咖喱酱、鱼露和椰糖，搅拌均匀。接着加入猪里脊肉，炒至肉变成褐色。加入茄子和切好的红辣椒，再继续炒1分钟。

倒入椰奶，煮沸。最后添加泰国青柠叶碎和泰国罗勒叶，佐以米饭一起食用。

หมู
ปลอก

1558
สุดยอด

海鲜炒粉丝

ผัดวุ้นเส้น

phat woon sen

粉丝是海鲜的完美伴侣！

配料

200克猪肉末
2汤匙鱼露
1茶匙砂糖
1汤匙木薯粉
炸制用油
2捆粉丝
2汤匙植物油
1瓣蒜，压碎
2个鸡蛋
8只海螯虾，去皮并洗净
1只鱿鱼（取其躯干部分），切成圈状
1汤匙生抽
1把芹菜叶
沙拉菜

- 首先制作猪肉饼，在猪肉末中加入1汤匙的鱼露、½茶匙的砂糖和木薯粉，搅拌均匀后捏成直径约5厘米的小饼。将油预热后，放入猪肉饼，炸至双面均为金黄色，即可取出，静置待用。
- 根据包装说明将粉丝煮熟，过滤掉水，静置待用。
- 将植物油倒入锅中，加入蒜泥、鸡蛋，炒至鸡蛋成型即可。将鸡蛋移到炒锅边缘，加入海螯虾，炒制大约1分钟后，加入鱿鱼圈，再炒1分钟。然后将粉丝加入锅中，同时将鸡蛋移回锅内，一起翻炒。再加入剩余的鱼露、生抽和砂糖，如果需要，加一点水。最后用芹菜叶点缀即可出锅。
- 盛盘时，将沙拉菜铺在盘子上，加入做好的海鲜炒粉丝，最后放上猪肉饼，即可食用。

青芒果蘸辣鱼酱

มะม่วงน้ำปลาหวาน

mamouang nam pla wan

最初我听闻鱼和水果的搭配，总感觉不可思议且难以接受，但是现在我觉得这种搭配十分美味。

配料

80毫升的鱼露
1茶匙虾酱
150克椰糖
50克干虾仁
1个青芒果，削成丝
3个红葱头，沿纵向切成丝状
4个鸟眼辣椒，切成细小的圈状

- 将鱼露、虾酱和椰糖低温加热，直到椰糖溶解，即可关火。随着逐渐冷却，糖浆会稍微变稠。
- 将一半干虾仁放入研磨用的碗中，用木槌捣碎。将红葱头丝和另一半干虾仁放入之前混合好的糖浆里，然后加入切好的辣椒和研磨后的干虾仁。
- 将青芒果削成丝装碗，浇上调好的酱汁，即可食用。

如果您不能找到青芒果，那么澳洲青苹果也是一个很好的选择。

传统与创新

在将要登上泰国航空公司由布鲁塞尔飞往曼谷的航班时，我开始阅读《发现曼谷》，这本书由Alex Kerr撰写，内容有趣，研究充分。飞行途中，我读到其中的一段，深受触动。Alex记述了自己与朋友Tom Vitayakul的谈话以及关于泰国美食起源的讨论。他热情洋溢地分析了青木瓜沙拉的配料，这种街头食品在泰国东北部很常见，鸟眼辣椒、青柠、西红柿还有木瓜是四种基本食材，它们都是从国外引进，只有鱼露是正宗的泰国食材。在世界其他地区文化的影响下，泰国社会一直以来都在主动适应并吸收新的观念，对我来说，泰国美食正好印证了这一说法。针对外来文化，泰国社会所展现出的开放包容的精神，无疑是整个泰国社会的显著特征。

我们在游览的最后一天，遇到了两个朋友，他们是第一次踏足泰国，刚刚开始旅程。朋友相见，难免一聚，最后我们在考山社区的街上享用了利奥啤酒，同时对该地区近年来发生的变化也感到惊叹不已。我们最先品尝的是**发酵茶叶沙拉**。该沙拉起源于缅甸，在我品尝过的美食中，它所带来的味觉享受是最为独特的。接着我们前往位于参森路（Samsen Road）以北的Krua Apsorn餐厅，我给Erwin、Geert和Luk科普了些小知识，为他们介绍了泰国菜的基本知识，还介绍了一些开胃小菜：**蘑菇沙拉**、**酸汤藕带咖喱虾**和**泰式炸鱼饼**。

2009年，我们首次出版了《曼谷街头食品》(*Bangkok street food*)和《泰国烹饪和旅行》(*cooking and travelling in Thailand*)。大概同一时期，David Thompson出版了《泰国街头食品》(*Thai street food*)，书中包含大量关于泰国街头饮食文化的精美插图。当时，民众对于“街头食品”一词只有模糊的理解，我并不认为泰国街头厨师认可这一称谓，他们也许永远也不会接受这种说法。

10年前，想要找到用英语表达的有关曼谷街头食品的有用信息，是很困难的。不过，幸好有食品博客，还有像Marc Wiens这样的街头美食资深饕餮，所以今天我们能从互联网上获取宝贵的信息资源。一方面人们增加了对美食的兴趣，另一方面互联网保证了信息交换的顺利进行，这些使人们能够获得菜肴的制作方法，后代子孙也能有机会品尝到这些佳肴。

在过去的10年中，泰国的街头食品种类基本上没有太大变化，但可能其商业化性质稍有提高，所以街头出现了新的商业模式，比如，农贸市场或有机市场，旅行公司组织的短途旅行、在三帕莱区的牌匾上写有的描述型菜单，还有时尚的食品餐车在销售汉堡包、热狗和“Belgiamese”牌的华夫饼。对此我们只能鼓掌欢迎这些新潮流的出现，这些食品是否是传统食品无关紧要。我很高兴能看到三帕莱区和唐人街等地区在尽力保护和继承他们的街头食品文化遗产。与此同时，看到街上新奇有趣、时尚前卫的街头食品概念，我亦深受鼓舞。在曼谷，新旧文化交织碰撞，传统和潮流始终携手并进。

据联合国统计，全球每天有超过20亿人在吃街头食品。街头食品不仅仅能提供能量和营养，对许多人来说更是就业的途径。因此，街头食品可能是世界上规模最大、最为重要的食品加工行业。与此同时，街头食品也成为西方的潮流，并在美食界引起了共鸣。设备齐全、风格精美的食品餐车，精心设计的街头食品概念，街头美食嘉年华，这一切已经成为烹饪产品组合中的固定设计。在过去10年中，街头食品已经发展成为具有商业重要性和全球性的概念。

街头食品并不总是要严格遵照某一套固定刻板的样式，但毫无疑问，街头食品要遵守一定程度的标准化服务原则。然而，街头食品理应得到应有的认可，这一点同样重要。我们需要在经济、社会、环境和公众方面支持街头食品的发展。毕竟，除了分享同样的食物，我们没有比这更好的方式来团结公众了。

发酵茶叶沙拉

ยำใบชาหมัก

yum bai cha muck （laphet thoke）

这绝对是近年来最惊艳的味觉感受之一，奇妙的回味令人妙不可言。

沙拉配料

200克发酵茶叶
2汤匙烤芝麻
2汤匙烤花生，磨碎
2汤匙烤好的干豆，磨碎
1汤匙烤糯米，切成碎末
2个西红柿，切碎
¼棵大白菜，切碎

调味料配料

¼茶匙砂糖
2个鸟眼辣椒，切成圈状
3汤匙青柠汁
2汤匙鱼露

— 在搅拌碗中，用手将沙拉配料充分搅拌均匀。

— 接下来拌匀配料，将砂糖、辣椒圈、青柠汁和鱼露加入沙拉配料中，充分拌匀，上桌即可。

发酵茶叶沙拉是缅甸的国菜，由于曼谷有大量的缅甸移民，所以该菜肴在泰国也很受欢迎。

SMOOTH & GREAT TASTE
LEO

一煮制

泰式蘑菇沙拉

ลาบ เห็ด

laab het

该沙拉起源于泰国东北部的依善地区，是一道美味的素食配菜。

配料

- 200毫升水
- 200克什锦蘑菇
- 1茶匙辣椒粉
- 2棵小葱，切成葱花
- 2个红葱头，切成环状
- 3汤匙青柠汁
- 2汤匙生抽
- ½茶匙砂糖
- 1汤匙烤糯米，磨碎
- 1把薄荷叶
- 1把香菜叶
- 适量生菜叶（完成菜品后做点缀）

先将水倒入平底锅中煮沸，加入蘑菇，煮熟即可（不超过5分钟，注意不要煮过长时间）。

接下来捞出蘑菇放入搅拌碗中，加入辣椒粉、葱花和红葱圈，搅拌均匀。

浇上青柠汁、生抽和砂糖，均匀搅拌进沙拉。再加入磨碎的糯米搅拌均匀，最后加入时令蔬菜即可食用。出盘时可以将沙拉放置于生菜叶上。

酸汤藕带咖喱虾

แกงส้มกุ้ง

gaeng som kung

这道餐品可谓所有泰式咖喱饭中最具泰式特色的佳肴。其口味丰富，酸、甜、咸三种味道达到了完美平衡。

主食材配料

300克虎虾，去头和背壳，剔除虾线

1升水

4汤匙罗望子酱，挤入100毫升的温水中

2汤匙椰糖

1～2汤匙鱼露

120克藕带，切成3厘米长的段

咖喱酱配料

4个大干辣椒，去籽，切成碎末

4个新鲜大辣椒，去籽，切成碎末

50克凹唇姜，切成碎末

3个红葱头，切成块状

1茶匙虾酱

3只虾，切成碎末

1茶匙海盐

- 先将咖喱酱所需的所有配料捣碎研磨成平滑的糊状物，静置待用。
- 将水煮沸，将虎虾放入水中。
- 1分钟后或者虾快要熟透时，捞出虎虾，但保留煮虾的水。在煮虾的水中加入咖喱酱，煮制约5分钟后，加入椰糖和鱼露，调整咖喱的口味。
- 然后加入藕带，再煮5分钟，直至变软。
- 最后将虎虾放回酱汁中再煮1分钟，配上米饭，即可食用。

这种小吃价格便宜，分量充足，可用小塑料袋盛放，并配有竹棍以便食用。淋多少酱汁可根据自己的喜好来决定。

泰式炸鱼饼

ทอดมันปลา

thod man pla

您会看到有很多摊贩在油炸烹调这些美味小点心，看着它们在油锅中逐渐膨胀起来真是太神奇了。这些美味小点心要趁热吃，变凉后它们就会发硬。

配料

300克白色去骨鱼片，切成碎末
4汤匙红咖喱酱
3汤匙鱼露
1个鸡蛋，轻轻打散
1汤匙椰糖或砂糖
5片泰国青柠叶，去掉叶脉，切成丝
2汤匙研捣成碎末的蛇豆或青豆
炸制用油

- 将所有配料放入搅拌碗中，充分搅拌研磨成平滑的糊状（可以用手、杵和研钵或者食品料理机）。
- 取1个大碗，将糊状混合物倒入碗中，用手抓起混合物并在碗中摔打，不停重复这一步骤，直到混合物变得紧实。这样做出来的鱼饼在油炸时才不会膨胀。
- 将混合物分成小块，捏成小圆盘状。将其油炸至金黄色，沥干并搭配黄瓜调味品，即可食用（黄瓜开胃菜，详见第203页）。

您可以把鱼替换成虾、蟹甚至鸡肉来改变食谱。大多数泰国食品店都提供现成的咖喱酱。

泰语中有数百条关于食物的谚语，这一现象反映出他们对于研究食物的热忱和执着。“Nuad”的原意是按摩，这里说的是揉捏混合的糊状物，让鱼饼更紧实，这个过程就好像给鱼饼“按摩”！

自制调味料

酱汁、辅料、糊状物在大多数情况下都是需要事先准备好，因此我们将它们放在一个单独的部分中。毕竟这世界上许多菜肴的区别，通常都在于酱汁或调料的微妙之处。您可以很容易地掌握基本的烹饪方法，但如果您真的想要掌握美食的烹饪技巧，还必须知道如何为您的烹饪增添真实性。如果没有与菜肴搭配的特殊蘸料或配料，您将无法完整体验真正的泰国风味。

黄瓜开胃菜

อาจาด

ar jard

这道清爽的配菜与鱼饼搭配口味极佳。可按个人喜好加入姜丝或烤花生碎块。

配料

4汤匙水

3汤匙砂糖

3汤匙醋

少许盐

½茶匙辣椒粉或1个大红辣椒（切成丝状）

4汤匙黄瓜丝

2汤匙红葱头，切成薄片

1汤匙切碎的香菜叶

- 将砂糖、醋和盐加入水中煮沸。
- 待糖溶解后关掉炉火，静置冷却。
- 加入辣椒，黄瓜和红葱薄片。
- 加入香菜叶即可。

泰式鱼露鲜辣汁

น้ำปลาพริก

naam pla phrik

该调料具有典型的泰式风格，它在泰餐中的地位相当于我们西餐中所说的将胡椒和盐混合，放在同一个碗里。它主要搭配饭类菜品食用，值得一提的是，泰国有很多菜肴需配米饭食用。

配料

3～5个中等辣椒，切成圈状

1瓣蒜，切碎

5汤匙鱼露

1汤匙青柠汁

- 将所有配料混合，即可食用。

花生酱

น้ำจิ้มสะเต๊ะ
naam satay

น้ำจิ้มถั่ว
naam jim thua

配料

2个大干辣椒，切碎

2瓣蒜，切碎

1根柠檬草茎，切碎

1汤匙姜黄碎

2汤匙植物油

450毫升椰奶

1汤匙罗望子水

2汤匙砂糖

½茶匙盐

8汤匙磨碎的花生

- 将干辣椒末、蒜末、柠檬草碎和姜黄碎倒入研钵，捣成泥状。
- 用炒菜锅小火加热油并将糊状物煎至有香味溢出。
- 加入椰奶，煮沸。煮沸后继续煮7分钟。
- 加入罗望子水、砂糖、盐和花生碎，继续煮5分钟后即可。

依善酸甜辣酱

น้ำจิ้มแจ่ว
naam jim jaew

配料

8汤匙青柠汁

2汤匙鱼露

½汤匙蚝油

1汤匙辣椒粉

1汤匙烤糯米粉

1个红葱头，切成薄片

2汤匙切碎的香菜叶茎

- 将所有配料混合均匀即可。

泰式辣椒膏

น้ำพริกเผา

naam phrik pao

我们的好朋友Pi Toon将这款配料称为“魔法酱”，对于这一观点，我们一如既往地表示赞同。

配料

炸制用油
15个红葱头，切成薄片
8瓣蒜，切成薄片
8汤匙干虾，冲洗后晾干
8汤匙大红干辣椒，去籽切碎
10片高良姜
1茶匙烤过的虾酱
10汤匙椰糖
8汤匙浓稠的罗望子水
6汤匙鱼露

将锅中的油加热，然后将红葱片、蒜片、干虾、干辣椒碎和高良姜逐一油炸后，在厨房纸上沥干多余的油。接着将它们全部混合在食品料理机中，再加入烤过的虾酱，用机器打碎。在食品料理机中加入用于油炸的油（冷油即可），最多16汤匙，以促进配料充分混合，然后再次启动机器打碎。

将混合物放入锅中煮沸。用椰糖、罗望子水和鱼露调味。小火慢炖的同时需要隔一段时间就搅拌一下，直至形成果酱般的稠度。其味道应为甜中带酸，酸中带咸。必要时可以调整调料的用量比例。

泰式辣椒膏与海产品搭配口味极佳，有时也可以用作蘸酱。它在冬阴功汤的制作中发挥着至关重要的作用。

烤鸡甜辣酱

น้ำจิ้มไก่ย่าง

naam jim gai yang

在泰语中，它的字面意思是“蘸烤鸡肉”，有时候这容易误导食客。不过别担心，它实际上可以和很多其他菜肴搭配食用。

配料

- 7个大红辣椒，去籽切碎
- 2瓣蒜，切碎
- 12汤匙醋
- 8汤匙砂糖
- ½汤匙盐

- 先将辣椒碎和蒜末用研钵捣碎，混合均匀后静置待用。
- 锅中加入醋、砂糖和盐，煮沸后搅拌直至砂糖完全溶解。
- 将火力调至中火，在锅中加入捣碎的辣椒蒜泥，慢火煮至糖浆状稠度即可。

海鲜辣酱

น้ำจิ้มทะเล

naam jim thaleh

配料

- 5瓣蒜，切碎
- 4～6个小绿辣椒，切碎
- 5汤匙青柠汁
- 4汤匙鱼露
- 1茶匙砂糖
- 2汤匙切碎的香菜叶（可选）

- 将蒜末和绿辣椒碎倒入研钵，捣碎研磨成光滑的糊状。
- 加入青柠汁、鱼露和砂糖，混合均匀，直至砂糖充分溶解即可。
- 如有需要，可添加香菜叶。

酸辣虾酱

น้ำพริกกะปิ

naam phrik kapi

配料

4瓣蒜，去皮

少许盐

1汤匙烤虾酱

4～5个小辣椒

1汤匙椰糖

1汤匙青柠汁

1茶匙鱼露

如有需要，可加水

将蒜瓣、盐和烤虾酱放入研钵中，捣碎研磨成光滑的糊状。接着加入小辣椒，如果您想要辣味更加充足，可以加入更多的辣椒，充分研磨至粉末状。

用椰糖、青柠汁和鱼露调味。如有需要，可以用水稀释，每次只需加1勺，即可得到稀释的糊状物。最后用红辣椒和小茄子装饰。

以上为该调味酱的基本做法，这道调味酱的做法有很多，多得就像曼谷的出租车。如果您能在超市或农贸市场中找到，可以在其中添加豌豆大小的泰国茄子，或者在其中加入香菜根和青柠叶，亲身试一试，看看您喜欢什么。它的味道口感层次应该是很丰富的：浓香四溢，口感偏咸，酸辣可口。

泰语

泰语是一种音调语言，难以掌握。共有五种不同的音调，其中包括四个声调符号：低（à），中，高（á），下降（â）和上升（ã）。单个音节的含义可以用五种不同的方式改变。下例中有四个音调和一个音节：máimàimâmãi，意思是：新词在燃烧，不是吗！根据我们的经验，对于正确的词，但却用了错误的语气，泰国人将无法理解您的意思，或者“自动纠正”您所要表达的意思。态度的不同，可能会带来开心的体验，也有可能带来沮丧的体验。您要有耐心，记住您是游客，正在拜访他们，有时很多手势也可以作为一种交流方式。

但是，如果您付出努力，真的学了几个泰语词，您的体验将会大有不同！在城市中，虽然英语被广泛使用，但如果您真的想发现隐藏的“宝藏”，那就试着掌握一些泰语吧，您将获得宾至如归的美好体验。

重要提示：如果您是男士，您应该用“khráp”结束您的谈话。女士用“khâ”。这些音节没有直接的意义，但却体现了自身的礼貌。

中文	**泰国拼音**	**泰国文字**
您好	*Sawàt dee*	สวัสดี
您好吗？	*Sàbai dee mãi*	สบายดีไหม
我很好	*Sàbai dee*	สบายดี
谢谢	*Khòp khun*	ขอบคุณ
祝您好运/加油	*Chôk dee*	โชคดี
没问题/没关系	*Mâi pen rai*	ไม่เป็นไร
我明白	*Khâo jai*	เข้าใจ
我不明白	*Mâi khâo jai*	ไม่เข้าใจ
这里	*Têe nêe*	ที่นี่
那里	*Têe nân*	ที่นั่น
那边	*Têe nôhn*	ที่โน่น
什么？	*Àrai*	อะไร
多少钱……？	*Tâo rài*	เท่าไหร่
您有没有……？	*Mii ... mãi*	มี... ไหม
我可以吗……？	*Dâai ... mãi*	ได้... ไหม
我想要……	*Yàak jà ...*	อยากจะ...
我喜欢……	*Cháwp ...*	ชอบ...
去吃	*Kin khâo*	กินข้าว
好的	*Dee*	ดี
坏的	*Mâi dee*	ไม่ดี
好吃	*Àroî*	อร่อย
好难	*Yâak*	ยาก
简单	*Mâi yâak*	ไม่ยาก
辣	*Pèt*	เผ็ด

餐厅地址

1. 清迈咖喱鸡肉面 > 详见第39页
Khao soi Chang Mai Suparp
Samsen 路283号，拍那空县，曼谷
营业时间：09:00—16:00，周六休息

2. 青木瓜沙拉 > 详见第69页
Namtok Sida
王朗市场
王朗巷112/5-6号，Arun Amarin路，曼谷
营业时间：09:00—19:00，周日休息

3. 珍多冰（椰汁红豆仙草条）> 详见第86页
Singapore Pochana
石龙军路680-682号，曼谷
营业时间：11:00—22:00，每日营业

4. 泰式猪肉粿条 > 详见第91页
Kuay chap Nai Ek
耀华力路442号，巷9，曼谷
营业时间：07:00—24:00，周六休息

5. 泰式黄咖喱炒蟹 > 详见第114页
Khao Tom Polo
Sanam Khli巷（Polo巷）137/14号，曼谷
营业时间：18:00—22:00，周日休息

6. 泰式肉汁焖鹅 > 详见第116页
Tang Hong Pochana（Harn pra loh Convent）
Convent巷2/2号，是隆路，曼谷
营业时间：08:30—18:00，周日休息

7. 泰式牛尾汤 > 详见第121页
Muslim Restaurant
1354-56（42巷），Charoen Krung，曼谷
营业时间：06:00—17:00，每日营业

8. 猪肉酱汁炒米粉 > 详见第122页
Saeng Yod
Charat Wianbg路74号，是隆区，挽叻县，曼谷
营业时间：10:00—18:00，周日休息

9. 泰式脆面条 > 详见第129页
Chote Chitr restaurant
146，Prang Pu Thorn，曼谷
营业时间：（非常不规律）11:00—15:00，周日休息

10. 泰国芒果糯米饭 > 详见第136页
Kao Niaw Korpanich
打恼路430-431号，曼谷
营业时间：06:30—19:00，周日休息

11. 泰式煎饼 > 详见第139页
Khanom Buang Phraeng Nara
打恼路，曼谷
营业时间：10:00—18:00，周日休息

12. 椰子沙冰&芒果冰激凌 > 详见第142页
Natthapon Coconut Icecrem
Phraeng Phuton路94号，曼谷
营业时间：09:00—17:00，每日营业

13. 泰式烤红猪肉 > 详见第145页
Udom Pochana
Phraeng Phutorn路78号，曼谷
营业时间：07:30—15:30，周日休息

14. 虾酱炒饭 > 详见第149页
Yong Seng Lee
拍那空县，曼谷
营业时间：10:00—14:00/17:00—19:00，周日休息

15 泰式炒面 / 大虾炒面 > 详见第157页

Thip Samai

Mahachai路313号，曼谷

营业时间：18:00—24:00，每日营业

16 海南鸡饭 > 详见第171页

Gai ton Pratunam

Petchaburi路，30巷，曼谷

营业时间：18:00—02:00，每日营业

17 清蒸柠檬海鲈鱼 > 详见第179页

T & K seafood

Phadung Dao 路（Texas巷）49，51号，耀华力路，曼谷

营业时间：16:30—24:00，每日营业

18 娘惹红咖喱猪肉 > 详见第186页

Khao Kaeng Jek Pui（Jay Chia）

演说街，曼谷

营业时间：15:30—21:30

19 青芒果蘸辣鱼酱 > 详见第190页

Mamuang Nam Pla Wan Jay Paew

耀华力路和Plaeng Nam路交界，曼谷

营业时间：09:00—24:00，每日营业

20 酸汤藕带咖喱虾 > 详见第198页

Krua Apsorn

Samsen路，国家图书馆旁边，曼谷

营业时间：12:00—15:00/18:00—20:00，周日休息

集市地址

A N15码头（Thewet）& N15码头（Thewet）食品市场
营业时间：06:00—12:00
湄南河特快公交船站：Tha Thewet

B Nang Loeng市场
营业时间：10:00—13:00，工作日
那空沙旺，400号对面

C 护身符市场
营业时间：10:00—17:00
湄南河特快公交船站：Tha Chang

D 王朗市场
营业时间：10:00—18:00
近诗里拉吉医院
湄南河特快公交船站：Tha Wang Lang

E 曼谷花卉市场（帕空鲜花市场）
蔬菜、花卉、植物的批发市场
营业时间：04:00—10:00
湄南河特快公交船站：Tha Rachan

F Soachingcha区
营业时间：06:00—18:00
沿着打恼路和Dinso路（介于拉查达蒙酒店、市政厅和大红门秋千之间）就可以找到

G 三帕莱区
主打当地传统菜肴
营业时间：06:00—18:00
Kao Niaw Korpanich（芒果糯米店）对面，打恼路43号

1 旧暹逻广场
营业时间：09:00—21:00
Burapha路，普兰纳孔诺兰酒店附近，近Little Indi

I 中国城
营业时间：06:00—02:00
耀华力路，石龙军路及附近小巷

J 纳邦拉普食品市场
营业时间：07:00—17:00，周日休息
Thanon Chakhraphong 136–40号

K 席隆路20巷菜市场
营业时间：06:00—14:00
空铁车站：Chong Nons

L 素坤逸路38号夜市
营业时间：18:00—02:00
素坤逸路38巷
空铁车站：Tong Lo

M 阿黎巷
营业时间：18:00—22:00，工作日
空铁车站：阿里区

N 胜利纪念碑夜市
胜利纪念碑
营业时间：08:00—19:00
空铁车站：Victory monument

O 安多哥生鲜市场
营业时间：06:00—18:00
Thanon Kamphaengphet
空铁车站：Moi chit
地铁站：Chatuchak mark

P 三养市场
营业时间：07:00—13:00
朱拉隆功巷子32–34号
地铁站：San yan站

Q 孔堤集市
营业时间：06:00—21:00
拉玛四世路和拉玛三世路交叉口
地铁站：Khlong Toey

60

A-Z

索引

图书在版编目(CIP)数据

街头拾味：曼谷超人气美食 / (德) 汤姆 · 范登堡 , (捷) 卢克 · 蒂丝著 ; 袁艺译.
—武汉：华中科技大学出版社, 2019.6

ISBN 978-7-5680-5157-6

Ⅰ.①街 … Ⅱ.①汤… ②卢… ③袁… Ⅲ.①风味小吃—曼谷 Ⅳ.①TS972.143

中国版本图书馆CIP数据核字(2019)第080157号

街头拾味 曼谷超人气美食
Jietou Shi Wei Mangu Chaorenqi Meishi

[德]汤姆 · 范登堡 [捷]卢克 · 蒂丝 著　袁艺 译

出版发行：华中科技大学出版社（中国 · 武汉）　电话：(027) 81321913
北京有书至美文化传媒有限公司　(010) 67326910-6023
出 版 人：阮海洪

责任编辑：莽 昱　谭晰月
责任监印：徐 露　郑红红　封面设计：赵丹丹

制　作：北京博逸文化传播有限公司
印　刷：深圳市雅佳图印刷有限公司
开　本：787mm×1092mm　1/16
印　张：13.5
字　数：60千字
版　次：2019年6月第1版第1次印刷
定　价：89.00元

華中出版